CAICT 中国信通院 | 集智丛书

量子前沿

解密未来技术与产业生态

中国信息通信研究院　张萌　王敬　赖俊森◎编著

人民邮电出版社

北　京

图书在版编目（CIP）数据

量子前沿：解密未来技术与产业生态 / 张萌，王敬，赖俊森编著. -- 北京：人民邮电出版社，2025.（中国信通院集智丛书）. -- ISBN 978-7-115-65824-1

Ⅰ. O413.1

中国国家版本馆 CIP 数据核字第 2024PR1863 号

内 容 提 要

本书聚焦量子信息领域的新技术、新热点、新趋势、新业态，重点关注量子计算、量子通信和量子精密测量三大领域技术攻关与产品研发、交叉领域应用探索与行业赋能、量子信息产业生态构筑三大方面的发展。书中分析了量子信息领域的产品与业态创新变革进程，总结了量子信息技术、应用与产业的演进趋势，阐述了量子信息技术在诸多领域的应用价值。

本书适合量子信息领域的科研人员、企业家、投资者，以及对量子信息领域技术与产业感兴趣的人员阅读。

◆ 编　著　中国信息通信研究院　张　萌　王　敬　赖俊森
　责任编辑　胡　艺
　责任印制　马振武

◆ 人民邮电出版社出版发行　　北京市丰台区成寿寺路 11 号
　邮编　100164　　电子邮件　315@ptpress.com.cn
　网址　https://www.ptpress.com.cn
　固安县铭成印刷有限公司印刷

◆ 开本：720×960　1/16
　印张：13.5　　　　　　　　　2025 年 4 月第 1 版
　字数：191 千字　　　　　　　2025 年 4 月河北第 1 次印刷

定价：79.80 元

读者服务热线：(010)53913866　印装质量热线：(010)81055316
反盗版热线：(010)81055315

>>> **丛书编写组**

丛书顾问专家：

续合元　王爱华　史德年　石友康　许志远　何　伟

本书编写组成员：

张　萌　王　敬　赖俊森

以量子计算、量子通信和量子精密测量为代表的量子信息技术是量子科技的重要组成部分，已成为培育未来产业、构建新质生产力、推动高质量发展的重要方向之一。经过40余年的发展，量子信息领域逐步从基础研究走向基础与应用研究并重，开始进入科技攻关、工程研发、应用探索和产业培育一体化推进的发展阶段。截至2024年6月，全球30余个国家和地区制定和发布了量子信息领域的发展战略规划或法案，据公开信息不完全统计，投资总额超过290亿美元。加快技术研发攻关，推动创新成果应用，构建供应链、人才队伍和未来产业竞争力，成为全球主要国家在量子信息领域布局规划的普遍共识。

随着全球新一轮科技革新和产业变革加速发展，量子信息技术已然成为当今世界科技前沿的热点领域，其不仅在性能上有望突破经典技术的物理极限，更在未来产业发展和推动新质生产力方面展现出巨大的潜力。首先，量子产业作为近年来颇受瞩目的未来产业之一，其前沿性和变革性不仅体现在技术层面，更体现在对经济社会发展的全面影响上。随着量子技术的不断突破和进步，量子产业有望在全球范围内形成新的经济增长点，成为未来产业发展的新方向。其次，量子计算、量子通信和量子精密测量与传统行业深度融合，不仅能够提升各行业的生产效率，更有望在推动新质生产力的形成和发展过程中发挥关键作用。

我国量子信息技术的发展也面临诸多挑战和机遇。从挑战方面来看，量子信息技术的研发和应用需要强大的科技创新能力，当前我国在量子科技原始创新成果产出方面仍有待加强。此外，量子信息技术的产业化也面临着技术成熟度、资金投入、市场推广、人才培养、安全保障等诸多方面的挑战。然而，量子信息技术面临挑战的同时也孕育着巨大的机遇。随着国家对量子科技发展的高度重视和投入力度的不断加大，在不久的将来，量子信息技术必将在未来产业和新质生产力的发展中发挥不可或缺的作用。同时值得注意的是，量子信息技术并非孤立发展，而是与云计算、大数据、人工智能等新一代信息技术深度融合、共同发展，协同构建更加智能、高效的生产和服务体系，为经济社会的发展注入更强劲的动力。

近年来，量子信息三大领域科研与应用探索发展活跃，学术界重要科研进展与产业界样机产品研发成果亮点纷呈，产业生态培育成为各方关注热点，技术标准布局和研究取得阶段性成果。我国高度重视量子信息领域发展，在政策布局、基础科研、工程研发、应用探索和生态培育等方面取得了诸多重要进展。

本书对近年来全球量子信息领域的总体发展态势、最新研究应用进展、行业热点趋势等问题进行了深入分析和探讨，并对量子信息技术与产业的未来发展进行了展望，希望相关内容对从事和关注量子信息技术与产业发展的读者有所帮助。

CONTENTS **目录**

第一章

洞察：量子信息成为全球竞争焦点

1

1.1　量子信息——未来产业新赛道

量子信息技术是量子科技的重要组成部分，以量子力学原理为基础，通过对微观量子系统中物理状态的制备、调控和测量，实现信息感知、计算和传输。量子信息技术主要包括量子计算、量子通信和量子精密测量三大领域，在提升运算处理能力、加强信息安全保护能力、提高传感测量精度等方面，具备超越经典信息技术的潜力。未来，量子信息技术有望在前沿科学、信息通信和数字经济等诸多领域引发颠覆性技术创新和改变游戏规则的变革性应用。

经过 40 余年的发展，量子信息技术已从仅受学术界关注的基础科学研究和前沿技术探索，逐步发展到产业界共同参与的工程应用研究和未来产业培育。量子信息三大领域的前沿科研与工程研发亮点成果不断涌现，技术成熟度持续提升，应用探索加速发展，现已进入科技攻关、工程研发、应用探索和未来产业培育一体化推进的发展阶段。

未来产业是由前沿技术驱动、当前处于孕育萌发阶段或产业化初期，但具有显著战略性、引领性、颠覆性和不确定性的前瞻性新兴产业。能够把握住未来产业发展机遇的国家和地区将会在新领域、新赛道中获得先发优势，在全球竞争中抢得先机。量子信息作为未来产业的新赛道，正引领着一场科技革命，并有望对全球产业格局产生深远影响。量子信息的独特性质和广阔应用前景，使其成为全球科技和产业领域研究和布局的重点。

量子信息技术是基于量子力学的原理进行信息处理和传输的技术。与经典信息不同，量子信息具有叠加性、纠缠性和不可克隆性等独特性质。

这些性质使量子信息在安全性、计算能力和信息传输速度等方面具有巨大优势。例如，量子通信可以实现无条件安全的信息传输；量子计算能够在处理某些复杂问题上实现指数级加速；量子精密测量则可以提高测量的精度和灵敏度，甚至突破经典物理的理论极限——标准量子极限（SQL）。这些优势赋予了量子信息独特的地位，使其成为未来产业的新赛道。在这个赛道上，各国政府、科研机构和企业都在积极布局，力图抢占先机，率先掌握量子信息技术，在未来的科技竞争中占据有利地位。

量子信息的产业化进程正在不断加速。一方面，随着量子技术的不断突破和成熟，越来越多的实际应用场景被开发出来。例如，量子通信已经在金融、政务等领域开展试点应用，为信息安全提供了有力保障；量子计算也在药物研发、优化调度等领域展现出巨大应用潜力。另一方面，全球量子信息产业链也在逐步完善，从硬件研发到软件迭代，从基础研究到商业化应用，各个环节都在快速发展。

然而，量子信息发展仍然面临着诸多挑战。首先，技术层面上的挑战仍然突出。尽管量子信息领域已经取得了诸多重要突破，但要实现规模化商用，还需要在产品的稳定性、可靠性和成本等方面取得进一步突破。其次，政策环境、市场接受度、人才培养以及与其他技术的融合等因素也将影响量子信息产业的未来发展。

量子信息这条未来产业新赛道正吸引着全世界的目光。未来，量子信息技术与产业的崛起有望为科技领域带来新一轮变革，为全球产业发展注入新的活力。

1.2 全球主要国家政策布局

量子信息技术是挑战人类调控微观世界能力极限的世纪性系统工程，

是对传统技术体系产生冲击、进行重构的重大颠覆性创新技术。它将引领新一轮科技革命和产业变革。量子信息技术发展与应用已成为各国在科技、经济等领域展开综合国力竞争，维护国家技术主权与发展主动权的战略制高点之一。截至2024年6月，全球已有30余个国家和地区制定和推出了量子信息领域的发展战略规划或法案，据公开信息不完全统计，投资总额已超过290亿美元。全球主要国家和地区量子信息领域战略规划和投资概况见表1-1，以2018年欧盟《量子技术旗舰计划》和美国《国家量子倡议法案》为重要标志，近年来各国在量子信息领域的规划布局持续加速。量子信息领域的国际科技竞争正日趋激烈。

表1-1　全球主要国家和地区量子信息领域战略规划和投资概况

时间	战略规划/法案	国家/地区	投资规模（单位：美元）
2014年	国家量子技术计划	英国	10年投资约6.4亿
2018年	光量子跃迁旗舰计划	日本	3年投资约1.2亿
2018年	量子技术旗舰计划	欧盟	10年投资约11亿
2018年	国家量子倡议法案（一期）国家量子信息科学战略	美国	计划5年投资12.75亿 实际投资已达37.38亿
2018年	量子技术：从基础到市场	德国	投资约7.1亿
2019年	量子技术发展国家计划	荷兰	7年投资约7.4亿
2019年	国家量子技术计划	以色列	5年投资约3.3亿
2019年	国家量子行动计划	俄罗斯	5年投资约5.3亿
2020年	国家量子技术投资计划	法国	投资约19.6亿
2021年	量子系统研究计划	德国	5年投资约21.7亿
2022年	芯片与科学法案	美国	4个量子项目 1.53亿/年
2023年	国家量子战略	加拿大	投资约2.7亿
2023年	国家量子战略	英国	未来10年投资31.8亿
2023年	国家量子战略	澳大利亚	投资约6.4亿
2023年	国家量子技术战略	丹麦	5年投资约1亿
2023年	量子科技发展战略	韩国	2035年前投资17.9亿

续表

时间	战略规划/法案	国家/地区	投资规模（单位：美元）
2023年	国家量子任务	印度	2030年前投资7.2亿
2023年	量子2030	爱尔兰	已投资0.24亿
2023年	国家量子倡议法案（二期）	美国	2024年预算9.68亿
2024年	国家量子战略	新加坡	5年投资约2.19亿

来源：中国信息通信研究院（截至2024年6月）

美国量子计算国家战略部署围绕顶层设计、专项计划、生态建设3个方面展开。美国是世界上最早开展量子计算研究的国家之一，特别注重通过政府指导推动量子计算的发展，形成了相互衔接的三层战略体系。

美国制定出台《国家量子倡议法案》（NQI法案），统一部署全国量子计算系列行动。该法案是美国统筹国内力量推进量子科技发展的法律基础，也是美国谋求量子信息科学及其技术应用全球领导地位的战略规划。法案于2018年12月正式生效，要求美国总统实施为期10年的国家量子计划，明确要求美国国家标准与技术研究院（NIST）、美国国家科学基金会（NSF）、美国能源部（DOE）三大国家机构加强量子领域的协调管理，意图实现打造量子计算机、开发新一代传感器、建设全球量子通信系统等三大目标。该法案在5个方面发挥着核心作用：一是该法案积极推动量子信息科技的深入研究、开发、示范推广和实践应用；二是该法案强化了联邦政府内部在量子信息科技研发方面的跨部门协作与规划；三是该法案力求使联邦政府投资的量子信息科技研发、开发和示范项目效果最大化；四是该法案鼓励联邦政府、联邦实验室、各大企业和高校之间紧密合作；五是该法案还致力于推动制定量子信息科技安全的国际标准。

美国国家科学技术委员会发布的《NQI 2023年报》显示，NQI法案实施5年来的实际投资规模远超原计划。2019—2023财年投资累计达37.38

亿美元，超出原计划的 12.75 亿美元近两倍，投资覆盖量子计算、量子网络、量子传感与计量、量子基础科研和量子工程技术五大领域。其中，量子计算投资占比最高，共计约 10 亿美元，量子网络投资增速最快。美国能源部（DOE）、美国国家科学基金会（NSF）和美国国家标准与技术研究院（NIST）是 NQI 法案的主要实施部门，其中 DOE 和 NSF 5 年来分别累计投资超过 12 亿和 10 亿美元。NSF 资助了 1500 余项量子信息领域科研项目，DOE 则重点支持国家实验室体系的 5 个量子信息研发中心建设。

美国 NQI 法案第一阶段于 2023 财年结束，多方就第二阶段法案实施和投资问题进行了广泛讨论。NQI 咨询委员会发布《更新国家量子计划：维持美国在量子信息科学领域的领导地位建议》报告，战略与国际问题研究中心发布《量子不可照旧：国家量子倡议法案重新授权的问题》报告，信息技术与创新基金会发布《美国的量子政策方针》报告，上述报告分析了量子信息领域技术产业竞争和国际竞争态势，建议 NQI 法案在 2024—2028 财年至少每年拨款 5.25 亿美元（不含芯片研发资金），持续加大基础科学投资、打造量子人才队伍、深化产业界合作、建设关键基础设施、维护国家安全和推进盟友国际合作，确保美国在量子信息领域的领先地位。2024 年 11 月 1 日，美国国会预算办公室发布了《国家量子倡议重新授权法案》（H.R.6213）的成本估算报告，预计将在 2025-2029 年授权拨款 18 亿美元。H.R.6213 将授权《国家量子倡议法案》第二阶段拨款，通过加大对能源部、国家科学基金会、国家标准与技术研究院、国家航空航天局等部门资金支持，进一步巩固美国在量子信息领域的领先地位。

欧盟及其成员国在 20 世纪 90 年代就已经洞察到量子科技所蕴含的巨大潜力，并一直对泛欧洲甚至全球的量子科技研究工作给予高度关注和重点扶持。在组织机制方面，欧盟围绕量子技术旗舰计划共同设立了 5 个机构，分别是出资方委员会（BoF）、战略指导委员会（SAB）、科学与工程委员会（SEB）、量子社区网络（QCN）和协调支持行动办公室（CSA-QFlag）。在执行过程中，欧盟《量子技术旗舰计划》项目信息首先由量子社区网络收集，经协调支持行动办公室汇总到战略指导委员会进行评估。经战略指导委员会评估通过或提议的项目在出资方委员会同意后，会获得旗舰项目资金支持，并交由科学与工程委员会开展实施。开始实施之后，科学与工程委员会不断向战略指导委员会和出资方委员会汇报各项目进展，或由各项目协调人经协调支持行动办公室直接向战略指导委员会汇报情况。

近年来，欧盟积极布局并出台了一系列量子科技战略和专项计划，目标是在全球量子科技竞争中赢得主动权。欧盟主推的《量子技术旗舰计划》于 2018 年正式实施，投资约 10 亿欧元，计划 10 年内分 3 个发展阶段发展量子信息技术。2022 年 11 月，欧盟发布《欧盟战略研究和产业议程》，基于量子计算、量子模拟、量子通信、量子传感与计量四大技术支柱，结合基础量子科学、工程和使能技术等主题，概述了 2030 年量子技术发展路线图，旨在使现有议程与即将推出的一系列计划保持一致。2023 年，欧盟发布《欧洲量子旗舰计划阶段性报告》，回顾 4 年来研究项目的亮点成就，研究项目对旗舰计划目标的贡献和其面临的挑战，并展望了下一阶段的布局举措与目标。欧盟《量子技术旗舰计划》推出欧洲量子计算机项目"OpenSuperQPlus"，旨在建立一个 1000 量子位的量子计算系统。欧盟《量子技术旗舰计划》启动新项目"PASQuanS2"，旨在开发一个能够处理多达 10000 个中性原子的量子模拟器，从而进一步改变欧洲可编程量子模拟发展格局。欧盟出资 1900 万欧元成立 Qu-Pilot 项目，该项目旨在加快欧洲量子技术工业创新走向市场，并建立可信赖的供应链。

英国作为全球科技强国，在 2014 年率先出台全球首个量子信息国家级发展政策《国家量子技术计划》，通过两个 5 年期规划，累计投资超 5 亿英镑，建立了量子计算、模拟、通信、传感和成像五大科技研究中心推动技术攻关，支持量子初创企业产品研发与应用推广。2023 年 3 月，在计划实施 10 年之际，英国政府组建科学创新与技术部，发布《国家量子战略（NQS）》，开启未来 10 年 25 亿英镑投资和新一轮量子信息技术产业发展规划。NQS 提出了四大发展目标：确保英国拥有领先的量子信息科技与工程技术；支持量子技术企业发展，促进投资、供应链和人才队伍建设；加快量子信息技术应用转化；加强量子信息技术产业监管和国际治理合作。

日本针对量子信息技术领域的研究开展较早，投入持续较大。2020 年，日本发布《量子技术创新战略（最终报告）》，制定了从研发到社会实施的广泛计划，推动量子技术创新。2022 年，日本发布《量子未来社会愿景》，旨在加快量子技术在日本的发展，通过量子技术创造更多就业机会，涵盖领域涉及量子计算机、量子软件、量子安全和量子网络、量子精密测量和传感及量子材料。同年出台《量子人才培养与保障推进政策》，提出建立教育生态系统，培养"XX＋量子"人才；为青年研究人员独立开展相关研究提供持续保障；构建涵盖产业界的研究与人才生态系统。

此外，加拿大、印度、澳大利亚、丹麦、韩国、爱尔兰等国家也高度重视量子信息领域发展，相继发布了量子信息发展战略，围绕顶层规划、专项计划、组织机制、前沿研究、应用探索、产业培育和人才培养等领域，竞相争夺量子信息技术制高点。

1.3 我国政策布局

我国对量子信息技术领域高度重视，各省市积极推动量子信息相关政策的制定与落地实施。2020 年 10 月，中共中央总书记习近平在中央政治局第二十四次集体学习时作出把握量子科技大趋势、下好先手棋的重要指示，从发展趋势研判，顶层设计规划，政策引导支持，人才培养激励，产学研协同创新方面对我国量子科技发展作出全方位系统性布局，为加快促进我国量子信息技术领域发展提供了战略指引和根本遵循。

2021年3月，《中华人民共和国国民经济和社会发展第十四个五年规划和2035年远景目标纲要》正式发布，明确提出聚焦量子信息等重大创新领域，组建一批国家实验室；瞄准量子信息等前沿领域，实施一批具有前瞻性、战略性的国家重大科技项目；在量子信息等前沿科技和产业变革领域，组织实施未来产业孵化与加速计划，谋划布局一批未来产业；加快布局量子计算、量子通信等前沿技术，加强基础学科交叉创新；深化军民科技协同创新，加强量子科技等领域军民统筹发展。

2023年12月，中央经济工作会议强调，2024年要围绕推动高质量发展，突出重点，把握关键，扎实做好经济工作。以科技创新引领现代化产业体系建设。会议提出，打造生物制造、商业航天、低空经济等若干战略性新兴产业，开辟量子、生命科学等未来产业新赛道。

《2024年国务院政府工作报告》指出，2023年我国在人工智能、量子技术等前沿领域创新成果不断涌现。2024年，要大力推进现代化产业体系建设，加快发展新质生产力。积极培育新兴产业和未来产业，制定未来产业发展规划，开辟量子技术、生命科学等新赛道，创建一批未来产业先导区。

2024年6月，习近平总书记在全国科技大会、国家科学技术奖励大会、两院院士大会上发表重要讲话，明确指出："技术创新进入前所未有的密集活跃期，人工智能、量子技术、生物技术等前沿技术集中涌现，引发链式变革""要瞄准未来科技和产业发展制高点，加快新一代信息技术、人工智能、量子科技、生物科技、新能源、新材料等领域科技创新，培育发展新兴产业和未来产业"。

2024 年 7 月，《中共中央关于进一步全面深化改革、推进中国式现代化的决定》中指出，加强关键共性技术、前沿引领技术、现代工程技术、颠覆性技术创新，加强新领域新赛道制度供给，建立未来产业投入增长机制，完善推动新一代信息技术、人工智能、航空航天、新能源、新材料、高端装备、生物医药、量子科技等战略性产业发展政策和治理体系，引导新兴产业健康有序发展。

工业和信息化部等高度重视量子科技发展，推动量子科技等前沿领域研究，鼓励各地方先行先试，加快布局未来产业。2023 年 8 月，工业和信息化部等四部门联合发布《新产业标准化领航工程实施方案（2023—2035年）》。该方案对量子信息领域标准化工作提出明确指导意见。开展量子信息技术标准化路线图研究。加快研制量子信息术语定义、功能模型、参考架构、基准测评等基础共性标准。聚焦量子计算领域，研制量子计算处理器、量子编译器、量子计算机操作系统、量子云平台、量子人工智能、量子优化、量子仿真等标准。聚焦量子通信领域，研制量子通信器件、系统、网络、协议、运维、服务、测试等标准。聚焦量子测量领域，研制量子超高精度定位、量子导航和授时、量子高灵敏度探测与目标识别等标准。2024 年 5 月，中央网信办、市场监管总局、工业和信息化部联合印发《信息化标准建设行动计划（2024—2027 年）》，要求加强统筹协调和系统推进，健全国家信息化标准体系，提升信息化发展综合能力，有力推动网络强国建设。布局新兴技术领域标准，加快量子信息标准布局，推动术语、功能模型、参考架构等基础通用标准研制，开展量子计算、量子通信、量子测量等关键技术标准研究。

我国组织实施科技创新 2030——"量子通信与量子计算机"重大科技

专项，旨在围绕量子信息领域的重大科学问题和技术瓶颈，开展基础性、战略性和前瞻性探索研究和关键技术攻关，实现城域、城际、自由空间量子通信技术研发，通用量子计算原型机和实用化量子模拟机研制等专项成果，为我国在未来的国际战略竞争中抢占核心技术的制高点打下坚实基础。

近年来，多地陆续发布科技和信息产业规划，部署支持量子信息领域发展。2023 年，北京市发布《北京市促进未来产业创新发展实施方案》，部署量子物态科学、量子通信、量子计算、量子网络、量子传感等方向的核心技术攻关、行业应用拓展、产业生态和用户群体培育等工作。《2023 年合肥市政府工作报告》提出，合肥国家实验室入轨运行，量子信息未来产业科技园入列首批国家试点，后续进一步加快建设量子信息未来产业科技园，打造"世界量子中心"。湖北省设立 20 亿元量子科技产业投资基金，发布《湖北省加快发展量子科技产业三年行动方案（2023—2025 年）》，打造全国量子科技产业高地。同时，地方也将进一步深化量子信息领域的人才培养。2024 年 5 月，北京市人力资源和社会保障局发布的《关于增设量子信息职称评审专业的通告》指出，为加快集聚和培养量子信息专业技术人才，推进量子信息产业高质量发展，助力北京"四个中心"建设，经研究，决定在工程技术系列增设量子信息职称评审专业，包括量子计算、量子通信、量子精密测量与传感、量子材料与器件 4 个方向。该举措发挥人才评价"指挥棒"作用，对吸引凝聚量子信息工程技术人才，推动全国科技创新中心建设具有重要的战略意义。

地方政策措施主要聚焦科研、硬件和应用三大领域。一是开展科学研究，完善学科布局，建设一流研发平台、开源平台和标准化公共服务平台，推动量子信息技术关键领域的发展；二是开展硬件研发，攻关量子信息领域核心器件、系统、材料的发展；三是推动场景应用，推动量子信息技术在金融、大数据计算、生物医药、资源环境等重要领域的应用。

我国量子信息技术产业发展起步稍晚，但国家重视程度逐渐加大，近年来，多地陆续发布科技和信息产业规划，部署支持量子信息领域发展，未来也将持续加强顶层规划并完善布局，产出更多高水平技术成果。

认识：什么是量子信息

2.1 量子信息技术概述

20 世纪，量子力学的创立和发展，开启了人类对微观物理世界的认识。通过对光电效应、受激辐射光放大、固体能带与能级跃迁等现象和规律的阐释与利用，诞生了以半导体、激光器和传感器为代表的信息测量、传输与处理技术，这些技术成为从工业社会迈向信息社会的核心驱动力。21 世纪量子调控技术的研究和发展，将进一步深化人类对微观物理世界的理解。通过开发新材料、构筑新结构、发现新物态和研发新测控手段，对量子叠加、量子纠缠、量子隧穿等物理现象加以利用，并与通信、信息、材料和能源等领域交叉融合而形成的量子科技，有望成为未来重大技术范式变革和颠覆式创新应用的新源泉。

量子信息技术是以量子力学原理为基础，通过对微观量子系统中物理状态的制备、调控和观测，实现信息感知、计算和传输的全新信息处理方式。量子信息技术是量子科技的重要组成部分，量子信息技术和量子科技的关系如图 2-1 所示，量子信息技术主要包括量子计算、量子通信和量子精密测量三大领域，在提升运算处理能力、加强信息安全保护能力、提高传感测量精度等方面，具备超越经典信息技术的潜力。

量子计算以量子比特为基本单元，利用量子叠加和干涉、量子纠缠等原理实现高效的并行计算，能在计算特定的、复杂的问题上加速，是未来计算能力跨越式发展的重要方向。当前，量子计算在超导量子、离子阱、光量子、超冷原子、硅基量子点、金刚石色心和拓扑七大技术路线上并行发展，处于中等规模含噪声量子处理器阶段。量子计算应用场景探索广泛开展，但尚未实现"杀手级"应用突破。大规模可容错通用量子计算仍需长期艰苦努力，业界尚无实现时间预期。

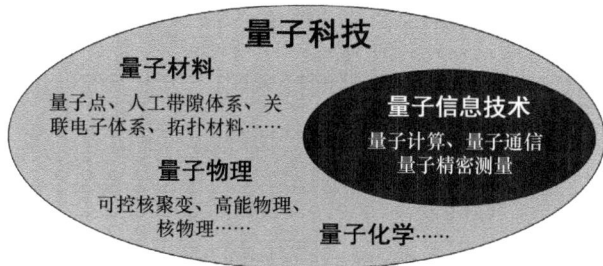

来源：中国信息通信研究院

图 2-1　量子信息技术和量子科技的关系

量子通信利用量子叠加态或纠缠效应，在经典通信手段的辅助下实现密钥分发或信息传输，理论层面具有可证明安全性。基于量子密钥分发（QKD）和量子安全直接通信（QSDC）等方案的量子保密通信初步实用化，新型协议和实验系统的研究持续活跃，样机产品研制和示范应用探索逐步开展，但应用与产业发展面临诸多挑战。基于量子隐形传态和量子存储中继等技术构建量子信息网络是未来重要发展方向，科研探索与试验虽取得一定进展，但距离实用化仍有很大差距。

量子精密测量对外界物理量变化导致的微观系统量子态变化进行调控和观测，实现精密传感测量，精度、灵敏度和稳定性等核心指标比传统技术有数量级提升。量子精密测量主要技术方向包括用于新一代定位／导航／授时的光学原子钟、光学时频传递、原子陀螺仪与重力仪等，以及用于高灵敏度检测与目标识别的光量子雷达、磁场精密测量、物质痕量检测等。量子精密测量主要应用场景涵盖国防军工、航空航天、地质／资源勘测和生物医疗等众多行业领域，多种样机产品进入实用化与产业化阶段。

2.2 量子力学基础

20 世纪初，随着人类探索实践的深入和科技的发展，量子力学这一理论框架应运而生，历经一个多世纪的发展，它已成为理解微观世界的关键工具。起初，物理学家们在原子层面探索时，发现传统理论难以解释微观粒子的行为，促使量子理论应运而生，该理论不仅填补了这一空白，还成为经典物理学的有力补充。

量子力学与爱因斯坦的相对论共同构成了现代物理学的理论支柱，支撑起了包括原子物理、量子光学、材料科学在内的多个学科领域。这一理论的诞生归功于普朗克、爱因斯坦、波尔、薛定谔、狄拉克、玻恩和海森堡等物理学巨匠的共同努力。

随着量子理论的不断成熟，人们对微观粒子行为的理解从理论推测转向了实证检验，诸如 EPR 佯谬、贝尔不等式、非定域性实验以及薛定谔猫态在介观尺度的实现等，极大地深化了我们对量子基本概念和原理的认识。此外，量子理论还揭示了若干宏观层面的量子现象，诸如电子的超导性、超流现象、约瑟夫森效应、霍尔效应以及玻色 - 爱因斯坦凝聚等，这些发现进一步证实了量子理论的广泛适用性。

本章将深入浅出地介绍量子力学核心概念与原理，为读者了解量子信息基本原理提供必要的基础知识。

2.2.1 量子力学基本假设

在量子力学的理论框架下，薛定谔、海森堡、玻恩及狄拉克等物理学家的卓越贡献被概括为五个核心假设，这些假设构成了量子力学的基础。

波函数假设：量子系统的状态可以用希尔伯特空间中的一个归一化波

函数 $\psi(r,t)$ 来描述。这个波函数包含了系统的全部信息，且仅相差一个复因子的两个波函数代表同一状态。波函数与其复共轭的乘积 $\psi^*(r,t)\psi(r,t)$ 表示该粒子在特定时刻 t、出现在特定空间位置 r 处的概率密度。

态叠加原理：如果 $|\psi_1\rangle,|\psi_2\rangle,\cdots,|\psi_n\rangle$ 是某一微观体系可能的态，那么这些态的线性组合 $|\psi\rangle = c_1|\psi_1\rangle + c_2|\psi_2\rangle + \cdots + c_n|\psi_n\rangle$ 也是该体系一个可能的态，其中 $c_1,c_2,\cdots,c_n$ 为复常数。

力学量的算符假设：量子系统中所有可观测的力学量在希尔伯特空间中对应一组线性厄米算符。力学量的测量值对应相应算符的期望值。

薛定谔方程假设：量子系统所处的态 $\psi(r,t)$ 随时间演化的动力学方程遵循薛定谔方程：$i\hbar\dfrac{\partial\psi(r,t)}{\partial t} = \hat{H}\psi(r,t)$，其中 $\hat{H}$ 为系统的哈密顿量。

测量塌缩假设：对微观体系中的某一个物理量进行测量后，微观系统的波函数会塌缩到该测量结果所对应的本征态上。

这 5 个基本假设共同构成了量子力学理论的基础，为理解微观世界的运动规律提供了强有力的工具。

2.2.2 德布罗意物质波

德布罗意物质波理论是量子力学中的一项重要理论，由法国物理学家路易·德布罗意在 1924 年提出。这一理论指出，所有物质都具有一定的波动性，即不仅光、电磁波等具有波粒二象性，任何形式的物质也都有对应的波动性质。这一理论是量子力学的一个关键组成部分，对现代物理学的发展产生了深远的影响。

在德布罗意提出物质波理论之前，物理学家已经认识到光具有波粒二象性。1675 年，英国物理学家艾萨克·牛顿提出光的微粒说，即光是从光源发出的一种物质微粒，在物质媒介中以一定的速度传播；而 1801 年，托马斯·杨通过双缝干涉实验证明了光的波动性。然而，关于光究竟是粒子还是波的问题一直存在争议。

德布罗意受到爱因斯坦关于光子能量的公式（$E=hv$）的启发，认为如果光具有波动性，那么其他粒子也应该具有类似的波动性质。他通过类比的方式，提出了物质波的假设：任何形式的物质，无论其大小、质量如何，都应当具有与之对应的波动性质。这种波动被称为"德布罗意波"，并给出了粒子的能量 E、动量 p 与波的频率 v、波长 λ 之间的关系：

$$E = hv = \hbar\omega$$

$$p = \frac{h}{\lambda}$$

虽然德布罗意提出了物质波的概念，但直到 20 世纪 30 年代，才真正有人通过电子衍射实验验证了物质波的存在。1927 年，戴维逊和革末进行了电子的衍射实验，观察到电子在通过晶体时产生的衍射图案与光的衍射图案相似。这一实验结果表明，电子具有波动性。

德布罗意物质波理论不仅丰富了人类对微观世界的认识，还为量子力学的发展提供了重要的理论基础。例如，在量子力学中，波函数描述了一个粒子的所有可能状态及其概率分布。而物质波的存在使得我们可以更深入地理解粒子的运动规律和概率行为。此外，该理论在量子计算、量子通信、量子精密测量等领域具有广泛的应用前景。

2.2.3　波函数

在经典理论中，我们通常使用 $r = r(t)$ 来描述系统的状态，并根据初始状态来预测力学量随时间的变化。比如知道物体的初始速度和受力情况，我们就能知道物体的加速度，从而准确地预测物体在未来任意时刻的速度和位置。为了类似地描述量子体系的状态，我们需要找到一个函数，它能够根据初始状态来预测量子体系中所有力学量随时间的变化。这种描述量子体系状态的函数，我们称之为波函数。

假设描述微观粒子状态的波函数为$\psi(x,y,z,t)$，那么微观粒子在空间任意位置出现的概率密度为$|\psi|^2$。经典波和微观粒子概率波之间的区别可以总结如下。

① 经典波用于描述某物理量在空间分布的变化，而概率波则用于描述微观粒子在空间的概率分布。

② 经典波的波幅如果增大一倍，相应地，其波动能量将为原来的 4 倍；而微观粒子在空间出现的概率只取决于波函数在空间各点的相对强度，因此将概率波的波幅增大一倍并不影响粒子在空间各点出现的概率。也就是说，将波函数乘以一个常数，所描述的粒子状态不会发生改变。

③ 对于经典波，加一个相因子 $e^{i\theta}$ 会改变其状态；而对于概率波，加一个相因子 $e^{i\theta}$ 不会改变其状态。这意味着，在量子力学中，相因子的引入并不会改变微观粒子的概率分布。

这些区别反映了经典物理和量子力学在描述微观粒子行为时的根本差异。在量子力学中，我们不再简单地用波幅来描述物理量的变化，而是用波函数的概率分布来描述微观粒子的可能状态。同时，我们也注意到，在量子力学中，相因子的引入并不会改变系统的状态，这与经典物理中的情况是不同的。

2.2.4 能级跃迁

能级跃迁是量子力学中的一个核心概念，它描述了量子系统从一个能量状态（能级）转变到另一个能量状态的过程。这种跃迁通常是由量子系统吸收或发射能量（如光子）引起的，并且遵循一定的选择定则和概率分布。

在量子力学中，原子或分子等微观粒子被看作处于特定的能量状态，这些状态被称为能级。当微观粒子从一个能级跃迁到另一个能级时，会伴随着能量的吸收或发射。这种跃迁过程被称为能级跃迁。例如，在氢原子中，电子可以处于不同的能级（如 $n=1, 2, 3\cdots$），当电子从高能级跃迁到低能级时，会发射出一个光子；反之，当电子从低能级跃迁到高能级时，会吸收一个光子。

根据跃迁过程中能量的变化，能级跃迁可以分为两大类：辐射跃迁和非辐射跃迁。

辐射跃迁：指跃迁过程中伴随着光子的发射或吸收。辐射跃迁必须满足频率匹配条件，即吸收或辐射的光子频率必须等于原子两个能级之间的能量差（$\Delta E=h\nu$）。根据光子与电子的相互作用方式，辐射跃迁进一步分为两类：自发辐射、受激辐射 / 受激吸收。

- **自发辐射：**在没有外界干扰的情况下，原子自发地从高能级跃迁到低能级，并发射一个光子。这个过程是随机的，具有特定的概率分布和辐射强度。

- **受激辐射：**当原子受到一个与自发辐射相同频率的光子激发时，会从低能级跃迁到高能级，并再次发射一个相同频率的光子。这个过程在激光技术中得到了广泛应用。

- **受激吸收：**当原子受到一个频率高于其当前能级的光子激发时，会从低能级跃迁到高能级，并吸收这个光子。这是光通信和光学传感技术的基础。

非辐射跃迁：指跃迁过程中不伴随光子的发射或吸收，而是通过其他方式（如声子、热振动等）传递能量。这种跃迁通常伴随着能量损失和量子效率降低。常见的非辐射跃迁包括多声子跃迁和隧穿效应等。

2.2.5 量子纠缠

在量子物理中，"纠缠"这一概念凸显了量子系统的独特性质，包括相干性、概率性以及空间非定域性，这些特性构成了量子物理与经典物理的根本区别。在量子信息科学领域，量子纠缠发挥着至关重要的作用，已经成为实验验证和技术实现的重点。

在多体量子系统中，存在一类特殊状态，即系统的态函数无法用子系统的态函数直积来表示。这种状态下，一个子系统的测量结果无法独立于其他子系统。在量子力学中，如果复合量子系统的态矢量可以表示为各子系统直积的形式，则称为直积态；反之，则称为量子纠缠态。后者所隐含的纠缠特性在经典物理中是没有对应物的，因此被称为量子纠缠。

在量子信息领域，常用的量子纠缠态包括 EPR 态、GHZ 态、W 态和 N00N 态等。其中，EPR 态最早由爱因斯坦、波多尔斯基和罗森针对两粒子量子系统提出的纠缠态，且为最大纠缠态。当两个自旋系统处于最大纠缠态时，就构成了 EPR 纠缠态（贝尔基）。

$$|\psi_1\rangle = \frac{1}{\sqrt{2}}\left(|\uparrow\rangle_1|\downarrow\rangle_2 - |\downarrow\rangle_1|\uparrow\rangle_2\right)$$

$$|\psi_2\rangle = \frac{1}{\sqrt{2}}\left(|\uparrow\rangle_1|\downarrow\rangle_2 + |\downarrow\rangle_1|\uparrow\rangle_2\right)$$

$$|\psi_3\rangle = \frac{1}{\sqrt{2}}\left(|\uparrow\rangle_1|\uparrow\rangle_2 + |\downarrow\rangle_1|\downarrow\rangle_2\right)$$

$$|\psi_4\rangle = \frac{1}{\sqrt{2}}\left(|\uparrow\rangle_1|\uparrow\rangle_2 - |\downarrow\rangle_1|\downarrow\rangle_2\right)$$

这四个 EPR 纠缠态是正交的，常作为两个自旋量子系统的测量基，广泛应用于量子信息基础研究和量子通信等领域。

1989 年，格林伯格、霍恩和塞林格针对三粒子自旋纠缠量子系统提出了一个特殊形式的三粒子最大纠缠态——GHZ 态。其波函数形式为：$|\psi\rangle = \frac{1}{\sqrt{2}}\left(|\uparrow\rangle_1|\uparrow\rangle_2|\uparrow\rangle_3 - |\downarrow\rangle_1|\downarrow\rangle_2|\downarrow\rangle_3\right)$。其中任意一个粒子的自旋方向都可以由其他两个粒子的自旋方向确定。随后，迪尔、维达尔和恰克基于上述三粒子自旋最大纠缠态做了进一步研究，指出任意三粒子纠缠态经过适当的局域变换或经典通信都可以转换成两个不等价的三粒子纠缠形式：GHZ 态和 W 态，即

$$|GHZ\rangle = \frac{1}{\sqrt{2}}\left(|000\rangle + |111\rangle\right)$$

$$|W\rangle = \frac{1}{\sqrt{3}}\left(|001\rangle + |010\rangle + |100\rangle\right)$$

其中，GHZ 态被认为是三粒子纠缠的最大纠缠态，当其中任意一个粒子的量子态发生坍缩时，其他两个粒子也不再具有纠缠性质。而 W 态则具有更好的纠缠保持特性，即对处于 W 态的三粒子系统中的任意一个粒子进行处理后，剩余的两个粒子将继续保持最大可能的纠缠数量。这一特性使得 W 态在多粒子系统中具有更广泛的应用前景。

从三粒子推广到 N 个粒子的系统时，N 个粒子组成的 W 态仍然具有上述特性：对其中任意 $N-2$ 个粒子进行处理后，剩余的两个粒子将处于两粒子的最大纠缠态。这种特性使得 W 态成为多粒子系统中的理想纠缠资源之一。

值得注意的是，量子纠缠现象没有经典对应，是量子物理中独有的现象。其非定域性决定了位于遥远位置的两个粒子纠缠系统对其中任何一个粒子进行测量操作将导致另外一个粒子的瞬间坍缩，这就是著名的 EPR 效应。这一特性使得量子纠缠在量子通信、量子计算等领域具有巨大的应用

潜力并正在不断推动相关技术的发展和进步。

2.3 量子计算

2.3.1 量子计算技术概述

对于量子计算技术体系框架的相关探索正在逐渐深入，量子计算技术体系框架如图 2-2 所示。

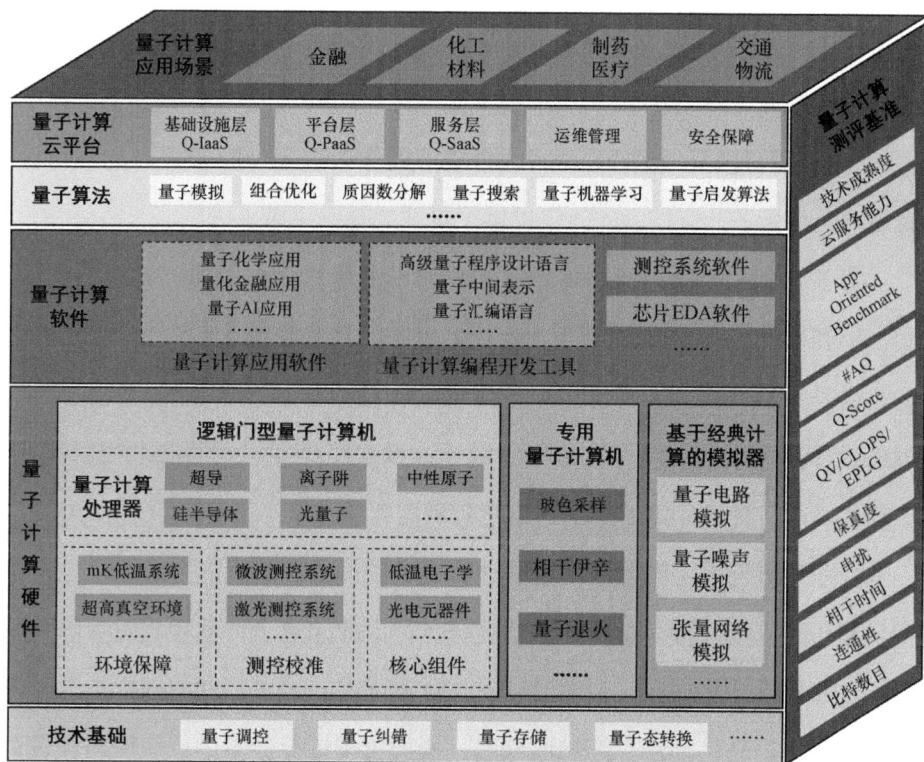

图 2-2 量子计算技术体系框架

量子计算领域涉及的基本理论是量子力学。此外，相关的关键理论与技术还包括量子信息理论、量子容错理论、量子复杂性理论、量子测控技术、量子位存储与操控技术、量子门实现技术等。上述理论与技术是量子

23

计算技术体系框架的底座与基石。

量子计算机的操作流程如下：首先，需要将传统形式的数据转化为量子计算机系统的初始量子状态；然后，通过一系列幺正操作，将这些初始量子态演化至量子计算系统的最终状态；最后，对最终状态进行测量，从而输出计算结果。量子计算机的研发是一项十分复杂的系统工程，这要求研发人员不仅要在量子计算模型的原理上进行创新性研究，还需要在材料科学、结构工艺、系统架构等多个工程技术领域不断进行创新和技术积累。

利用经典计算资源和软件算法，量子计算模拟器能够实现量子计算状态演化和运算逻辑的模拟仿真。这种模拟器作为量子计算云平台的独特计算后端，为量子计算技术的验证提供了重要的辅助手段。

量子计算在底层运行逻辑和算法软件设计等方面与经典计算有很大不同，需要软件编程者和应用开发者具备量子计算的思维逻辑和工程适配能力。量子计算软件主要分为量子计算应用软件、量子计算编程开发工具和电子设计自动化（EDA）软件等。量子计算软件开发与应用技术栈目前处于新构阶段，量子计算软件生态还在初步培育期。

量子计算云平台作为展示量子计算实用化优势和输出能力的途径之一，提供量子计算硬件接入、模拟及软件服务，已成为量子计算领域发展热点。量子计算云平台用户在客户端设计量子计算任务，通过互联网提交至云端，由云端服务器转换为量子控制信号后，操控量子计算装置进行运作与测量，最终将得到的计算结果返回给用户。

量子算法是发挥量子加速优势和实现应用落地的关键，算法设计是数学问题，本质上是对希尔伯特空间的人工操控，在量子模拟、组合优化、量子机器学习等方面设计出"能打"的量子算法，是当前的研究热点。

2.3.2　量子计算硬件

量子计算处理器作为量子计算的"核心引擎"，是制备、操作和测量量子比特与量子逻辑门的物理载体，也是现阶段量子计算研究与应用的关键方向之一。判断特定系统是否适用于量子计算处理器物理实现，可以借助著名理论物理学家迪文森佐提出的 Di Vincenzo 依据。

① 可扩展的具有良好特性的量子比特系统：一是有量子比特，且物理参数及与其他量子比特的纠缠等特性良好；二是量子比特数量需具有一定规模；三是所有量子比特之间能独立寻址和操作。

② 能够将量子比特初始化到某个基态：一是开始新的计算任务前将量子比特置于一个已知的态；二是量子纠错的要求。

③ 具有足够长的相干时间来完成量子逻辑门操作：退相干时间远大于量子逻辑门操作时间，其品质因子（量子比特退相干时间 / 逻辑门操作时间）在 $10^4 \sim 10^5$ 时才能满足量子纠错需要。

④ 能够实现一套通用量子逻辑门操作：任意的量子逻辑操作都可以通过一组普适逻辑门来实现，才可以保证完成任意计算任务。

⑤ 能够测量量子比特的状态：对应量子信息的读出过程。

以上 5 条依据是针对量子计算机本身提出的，但是如果考虑到量子计算机之间的通信等因素，则还需要 2 个附加条件。

⑥ 具备静止比特和飞行比特相互转换的能力：静止比特（例如原子、离子等）在空间上保持静止，构成量子计算机的基本运算单元；飞行比特（例如光子）则在空间中移动，用于信息的传输。

⑦ 能够实现飞行比特在不同的系统之间的可信传输。

目前，学术界主要考虑的技术路线包括超导、离子阱、硅基半导体、光量子和中性原子等，这些路线呈现多元化发展和开放竞争态势，尚未出现技术路线融合收敛趋势。

以超导、离子阱和光量子为代表的技术路线进入系统原型机阶段；以硅基半导体、中性原子和相干伊辛机为代表的技术路线处于实验验证阶段，量子计算处理器主要技术路线发展趋势如图 2-3 所示。近年来，量子计算处理器研究与样机研制发展进一步加速，亮点纷呈。

		超导	离子阱	光量子
优劣势对比		优势：可扩展性、比特易操控、多比特易耦合、高可设计性	优势：高保真度、高连接性、高制备与读取效率、相干时间长	优势：高保真度、环境友好性、相干时间长、光网络兼容
		挑战：mK极低温制冷工程挑战，延长相干寿命，单芯片集成更多量子比特，提升量子纠错能力	挑战：增加离子种类选择，激光束单独处理的离子数量，延长增加造成离隔单离子运动困难	挑战：克服光子光速移动造成的量子比特数量扩展问题，光子间作用微弱使纯逻辑门控困难
代表机构	国际	美国：IBM、Google、Rigetti、耶鲁大学、加州大学圣芭芭拉分校。英国：OQC。瑞士：苏黎世联邦理工学院。芬兰：IQM	美国：Quantinuum（Honeywell）、IonQ、马里兰大学。奥地利：奥地利因斯布鲁克大学、AQT。英国：Oxford Ionics。以色列：魏茨曼研究所	美国：弗吉尼亚大学、PsiQ。加拿大：Xanadu。德国：马克斯-普朗克研究所。英国：ORCA Computing。丹麦：丹麦科技大学
	国内	本源量子、国盾量子、中国科学技术大学、中科院物理所、北京量子院、浙江大学、阿里巴巴、百度、华为等	华翊量子、中国科学技术大学、清华大学、中科院、中科院精测院、启科量子、幺正量子等	中国科学技术大学、北京大学、中科院、国防科技大学、正则量子等
发展态势		□构建通用量子计算机最有前途的技术路线之一，得到国内外众多科研机构和企业的支持，竞争最激烈，技术突破最瞩目，比特数目等指标保持领先	□通用量子计算另一有力竞争者，投入力度仅次于超导，全连接性、相干时间、QV等指标领先，但面临大规模扩展性、可集成化等瓶颈	□完成光量子计算优越性验证，分立式光量子计算仅针对高斯玻色采样问题，集成芯片光量子计算方案或将成为未来重要演进方向
国内外差距		□在量子比特数目、保真度、相干时间等方面与国际先进水平存在一定差距	□量子比特数目与国际先进水平基本持平，但在保真度等方面与国际先进水平存在一定差距	□在光子数目、保真度、相干时间等方面与国际先进水平基本持平

（a）超导、离子阱和光量子路线进入系统原型机阶段

		中性原子	硅基半导体	相干伊辛机
优劣势对比		优势：高保真度、高连接性、相干时间长、构建多维列阵潜力	优势：可扩展性与测控复用、门操作速度快、半导体兼容性好	优势：相干时间长、抗干扰能力强，能够实现较大规模的全连接自旋比特
		挑战：提升原子精确控制能力，降低激光控制系统复杂性带来的影响，实现完整的量子比特集，研究多列阵间连接方式	挑战：降低控制信号的电荷噪声影响，提升量子比特构造技术成熟度，加强相关新型半导体器件与光刻策略的研究与设计	挑战：仅适用于解决某些特定的复杂组合优化问题，与逻辑门的量子计算机存在根本性差异，不具备通用量子计算功能
代表机构	国际	美国：哈佛大学、芝加哥大学、加州理工、麻省理工、QuEra Computing、ColdQuanta、Atom Computing。法国：巴黎光学研究所、Pasqal	美国：Intel、IBM、普林斯顿大学、Eaual实验室。荷兰：Qutech、代尔夫特理工大学。澳大利亚：新南威尔士大学、SQC。日本：理化所RIKEN。丹麦：哥本哈根大学。比利时：IMEC	日本：NTT、NII、东京大学。美国：斯坦福、加州理工、麻省理工、马里兰大学
	国内	中国科学技术大学、中科院精测院、中科酷原、北京量子院、南方科技大学、山西大学等	本源量子、中国科学技术大学、北京量子院、南方科技大学、中科院物理所、中科院半导体所等	玻色量子
发展态势		成为"黑马"，表现亮眼，在原子比特数目、相干时间、双量子比特门速度等方面实现跨越式发展，量子模拟方向优势明显	保真度实现一定突破，但可扩展性等方面进展有限，面临制备工艺、测控技术等瓶颈	发展前景存在一定不确定性，未来可能针对特定问题提供解决方案
国内外差距		在原子比特数目、相干时间等方面与国际先进水平存在一定差距	在量子比特数目、保真度、相干时间等方面与国际先进水平存在一定差距	在量子比特规模等方面与国际先进水平存在一定差距

（b）中性原子、硅基半导体和相干伊辛机处于实验验证阶段

图 2-3 量子计算处理器主要技术路线发展趋势

1. 超导

超导是一种宏观量子效应，基于超导约瑟夫森结实现的固态量子比特

具有良好的扩展性，易于实现耦合、集成、操控和读取等。超导 Transmon 量子比特由约瑟夫森结和旁路电容组成。超导量子比特、谐振腔、耦合器件、微波操控设备及读取线缆等共同构成了超导量子电路的物理实现。超导量子芯片的制作过程与微纳加工技术兼容，展现出优越的可扩展性，使耦合与集成变得更加便捷。同时，超导量子电路的操控依赖于已经成熟的微波电子学技术，这一技术不仅速度快，操控性能优良，而且数据读取也十分方便。因此，超导量子计算是当前最受关注和研究最为广泛的量子计算体系。

国外在超导方向的研究十分活跃，其技术突破较为迅猛。国外主要的超导量子计算研究机构包括美国国家标准及技术协会、马里兰大学、加州理工学院、麻省理工学院、哈佛大学等，IBM、谷歌等大型科技企业依托资金投入雄厚、工程技术成熟、软件能力突出等优势，积极布局超导技术路线。此外，美国还涌现出 Rigetti、OQC、QCI 等众多创新能力强的初创企业，成为推动超导量子计算发展的重要力量。2022 年，Rigetti 推出拥有 80 量子比特的"Aspen-M"系统。劳伦斯伯克利国家实验室在超导量子信息处理器中首次进行三量子比特高保真 iToffoli 原生门实验演示，保真度达 98.26%。2023 年，IBM 推出具有 1121 个量子比特的超导量子处理器 Condor，并发布了新一代具有 133 个量子比特的超导量子处理器 Heron，相较于之前的处理器，Heron 性能提高了 3～5 倍，错误率减少为原来的 1/5。Rigetti 推出了 84 位超导量子处理器 Ankaa-1。日本富士通和 RIKEN 发布 64 比特超导量子计算机。谷歌使用超导量子处理器模拟操控非阿贝尔任意子，并通过非阿贝尔编制实现任意子纠缠态。苏黎世联邦理工学院基于超导量子电路完成无漏洞贝尔实验。

国内方面，中国科学技术大学、清华大学、浙江大学、北京量子信息科学研究院（以下简称"北京量子院"）等高校和研究机构也在积极进行超导量子计算研究。本源量子、国盾量子等初创企业也在持续开展超导量子计算研究并取得一系列成果。2022年，中国科学院物理研究所开发并展示了43个量子比特的超导量子处理器"庄子"。2023年，中国科学技术大学在66位超导量子处理器"祖冲之二号"的基础上新增110个耦合比特控制接口，使可操纵比特数达到176。中国科学院物理研究所利用41位超导量子芯片"庄子"模拟"侯世达蝴蝶"拓扑物态。中国科学技术大学联合团队实现了51个超导量子比特簇态制备。2024年，中国科学院研发了504比特超导量子计算芯片"骁鸿"。北京量子院联合团队实现了5块百比特规模量子芯片算力资源和经典算力资源融合，总量子比特数达到590。

2. 离子阱

离子阱技术利用电荷与电磁场的相互作用来控制带电粒子的运动。其中，被囚禁的离子的基态和激发态构成了两个能级，这个两能级系统被用作量子比特。通过微波激光的照射，可以精确地操控这些量子态。而量子比特的初始化和探测，则是通过连续的泵浦光和与态相关的荧光来实现的。在操控手段上，有Penning阱和Paul阱等多种方法，前者通过电场和磁场的结合形成电势，后者则通过静态和振荡电场的组合来实现。由于离子阱技术路线的量子比特具有相干时间长、连接性好、逻辑门操作保真度高等优点，这一技术已经引起了业界的广泛关注，并成为通用量子计算机研发中的领先技术路线之一。

国外对于离子阱方向的研究相当活跃，研究涵盖了诸多领域，例如整体系统的规范化与产品化推进、量子电荷耦合器件（QCCD）架构的研发、芯片阱的设计与制造、光波导与芯片阱的集成技术探索等。国外主要的离子阱研究机构有美国的IonQ公司、Quantinuum公司、美国国家标准与技术协会和美国马里兰大学，奥地利的 AQT 公司，英国的 Qxford Ionics 公司、Universal Quantum 公司，以色列的维茨曼科学研究所和德国的航空航天中心（DLR）等。IonQ 公司和 Quantinuum 公司相继发布高性能离子阱处理器，量子逻辑门保真度和量子体积大幅提升。2024 年，Quantinuum 公司的 Model H1 和 H2 离子阱量子计算原型机取得进一步突破，Model H1 中单 / 双量子比特逻辑门保真度分别达到 99.9979(3)% 和 99.914(3)%，量子体积达 1048576；Model H2 物理量子比特数目扩展至 56 个，并能够实现任意量子比特之间的连接，Model H2 中单 / 双量子比特逻辑门保真度分别达到 99.9971(6)% 和 99.843(5)%。Oxford Ionics 公司则结合离子阱与硅芯片技术，有望实现量子计算机大规模生产，其原型机单 / 双量子比特逻辑门保真度分别达 99.9992% 和 99.97%。

国内研究起步较晚，整体处于跟随阶段，研究机构有清华大学、启科量子、华翊量子、国防科技大学、中国科学院武汉物理与数学研究所、中国科学技术大学、中国人民大学、南方科技大学等。国内对离子阱量子计算的研究主要集中于开发先进的离子阱技术，旨在提高离子阱量子比特的可扩展性和相干时间。2023 年，华翊量子发布 37 个量子比特的离子阱原型机 HYQ-A37，成为国内代表性成果。

3. 光量子

光量子处理器利用单光子或光压缩态的多种自由度进行量子态编码和量子比特构建，具有相干时间长、室温运行和测控相对简单等优点。根据是否支持逻辑门和量子纠错等操作，光量子计算可进一步分为逻辑门型和非逻辑门型两类，其中逻辑门型光量子计算是未来实现通用量子计算的发展方向，而非逻辑门型光量子计算，如玻色采样和相干伊辛系统等，可用于组合优化和图论问题求解等专用计算。近期，光量子技术路线科研进展主要集中在量子优越性证明和基于光量子计算的应用实验。未来，非逻辑门型光量子计算有望在组合优化等专用问题求解中展示实用化优势，逻辑门型光量子计算则仍需突破光子间相互作用弱、双比特逻辑门构建和大规模光子集成困难等技术瓶颈，以体现其竞争优势。

国外在光量子计算的工程化方面发展迅速，产业化方面也初具规模，诞生了一批如 PsiQuantum 和 Xanadu 等知名初创企业。这些企业正在用市场化的手段带动光量子计算领域的发展。目前，国外从事光量子计算的代表性公司有美国的 PsiQuantum、加拿大的 Xanadu、英国的 ORCA Computing 等。2022 年，加拿大 Xanadu 报道了 Borealis 光量子计算机完成了 216 压缩态高斯玻色采样实验，再次验证了光量子计算的优越性。德国马克斯－普朗克研究所报道了实现 14 个光子纠缠操控新纪录。巴黎萨克雷大学等科研机构联合开发新型光学设备，通过使多光子在一个高度协调的波导阵列中相互作用，以获得可量化的多光子不可区分性。

国内方面，在光量子计算领域，我国主要以科研单位为主体，科研成果世界领先。例如中国科学技术大学的"九章二号""九章三号"光量子计算原型机成功实现了量子优势的演示，但相关技术的工程化和市场化稍显不足，行业发展的企业参与度也与国际有一定差距。上海图灵智算量子科技有限公司（简称"图灵量子"）、北京玻色量子科技有限公司（简称"玻色量子"）等初创公司目前仍处于跟跑阶段。2023 年，中国科学技术大学联合团队发布 255 光子的"九章三号"光量子计算原型机，进一步提升了高斯玻色采样速度和量子优越性。南京大学提出一种可行、可扩展的 $N-$ 光子态（N-photonstate）生成方案，对于未来最终实现大规模光子态制备具有较大意义。2024 年，玻色量子发布了 550 计算量子比特的相干光量子伊辛机"天工量子大脑"。

4. 中性原子

中性原子量子计算通过紧密聚焦激光束阵列形成光镊，约束中性原子在超高真空中悬浮并构建二能级系统，这种技术与离子阱技术有一定相似性，主要优势在于长相干时间和超高维阵列构建能力。中性原子量子计算适用于实现量子哈密顿量和量子模拟处理，是研究和解决凝聚态物质中诸多物理问题的典型模型，也是研究分析量子化学、多体物理、凝聚态物理、核物理等诸多复杂体系和现象的有力工具。近年来，中性原子路线在比特数目扩展和量子纠错等方面进展迅速，大有后来居上之势，有望成为技术路线竞争中的后起之秀。

国外在中性原子方向的研究较为活跃。国外主要的中性原子研究机构有美国的芝加哥大学、哈佛大学、Atom Computing 公司、ColdQuanta 公司、QuEra 公司，日本的国立自然科学研究所，法国的 Pasqal 公司等。2022 年，美国芝加哥大学实现 512 位双元素二维原子阵列。哈佛大学与麻省理工学院展示 289 个量子比特里德堡原子处理器和图问题求解。法国 Pasqal 公司在光镊系统中捕获 324 个量子比特的中性原子大型量子处理器阵列。2023 年，《自然》同期发表 3 篇中性原子量子计算和纠错最新成果。加州理工学院展示"量子橡皮擦"纠错新方法，使激光照射下的错误原子发出荧光实现错误定位，以便进一步纠错处理，系统纠缠率提升 10 倍。普林斯顿大学基于相似擦除原理，将门操作错误转化为擦除错误，有效提升了逻辑门保真度。哈佛大学使用基于里德堡阻塞机制的最优控制门方案，在 60 个铷原子阵列实现 99.5% 的双比特纠缠门保真度，超过了表面码纠错阈值。美国 Atom Computing 公司发布 1225 原子阵列和 1180 量子比特的中性原子量子计算原型机。2024 年，德国达姆施塔特工业大学发布 1305 个单原子量子比特阵列操控实验成果。美国 Infleqtion 公司发布原子量子计算路线图，计划于 2024

年推出 1600 个量子比特原型机，2028 年实现商业化量子优势。

国内研究起步较晚，整体处于跟随阶段，研究机构有中国科学院精密测量科学与技术创新研究院、山西大学、中国科学技术大学、合肥国家物理科学微尺度研究中心等，代表性公司是中科酷源。2023 年，合肥国家物理科学微尺度研究中心等机构基于一种角自旋相关的超光学晶格，成功制备出保真度为 95.6（5）%、寿命为 2.20±0.13s 的贝尔态，并进一步实现了一维原子链中 10 个原子和二维原子阵列中 2×4 个原子的量子纠缠。

5. 硅基半导体

硅基半导体路线通常利用硅同位素量子点结构中的电子自旋构造量子比特，采用硅锗异质结、砷化镓和金属氧化物半导体等衬底材料，具有制造和测控与集成电路工艺技术兼容等优点。硅基半导体量子比特主要分为光门控和电门控两类，前者通常使用光学活性缺陷或量子点来诱导光子间的强有效耦合，后者通过施加在光刻金属门上的电压来限制和操纵形成量子比特的电子。硅基半导体路线主要得到 Intel 等半导体制造商的支持。然而，由于同位素材料加工和介电层噪声影响等限制，比特数量和操控精度等指标虽有提升但进展缓慢，在竞争中难言优势。

在半导体量子计算方面，国外有传统半导体行业龙头企业 Intel，利用其成熟的半导体加工工艺、丰富的人才储备、多年的行业经验，Intel 将在量子时代继续维持有利地位。美国休斯研究院、普林斯顿大学，澳大利亚国家量子计算与通信技术研究中心，荷兰代尔夫特理工大学和日本东京大学等均实现了半导体两量子比特的逻辑门操控。2022 年，《自然》杂志发表澳大利亚新南威尔士大学、荷兰代尔夫特理工大学和日本理化学研究所 3 个团队的研究成果，不同方案硅基量子处理器的双量子比特门保真度均达到 99% 以上。法国多家研究机构联合实现新型三步表征链，可用于在全耗尽型绝缘体硅材料上制造线性硅量子点阵列。荷兰 QuTech 实现 6 位硅基自旋量子比特的新纪录，并实现 99.77% 保真度的单量子门操控。2023 年，Intel 发布的 12 位硅基自旋量子芯片 TunnelFalls，成为硅基半导体路线产品的最新纪录。新南威尔士大学报道了一种电信号控制的新型触发器（flip-flop）硅量子比特设计。美国休斯研究实验室提出硅基自旋量子比特编码的通用控制新方法。

国内半导体量子计算同样以科研为主，相关机构有中国科学技术大学与北京大学等，研究整体处于并跑状态，在材料和测量设备环节处于跟跑状态，且相关企业较少，以本源量子等初创公司为主，工程化和产业化进展缓慢。国内半导体量子点量子计算机的实验研究主要在中国科学技术大学的量子信息重点实验室和北京大学开展。2023 年，中国科学技术大学实现了硅基自旋量子比特的超快操控，自旋翻转速率超过 1.2GHz。浙江大学在半导体纳米结构中成功创造了一种新型量子比特。

6. 拓扑量子计算

拓扑量子计算是一种新型的量子计算方法，它主要依赖于特殊的拓扑物质态及其调控来实现量子信息的存储与计算。这种方法在理论层面有望解决实用量子计算中的退相干这一最大难题，从而实现抗干扰的容错量子计算。然而，目前拓扑量子计算仍处于基础研究阶段，在实验上尚未成功构建出量子比特和逻辑门。

国外具有代表性的研究机构为荷兰代尔夫特理工大学 Kouwenhoven 研究组和丹麦哥本哈根大学 Marcus 研究组等。目前，包括美国加州大学洛杉矶分校的王康隆研究组在内的多国实验室均发现了可以构筑拓扑量子比特的量子态迹象。

国内拓扑量子计算实验研究目前处于领先水平，最突出的研究机构为清华大学与中国科学院物理所，但相关研究整体处于实验室阶段，尚未有企业参与研发拓扑量子计算机。清华大学的薛其坤团队及其合作者在全球首次实现了量子反常霍尔效应，在基于量子反常霍尔效应的量子计算研究方向确立了技术优势和材料优势。上海交通大学的贾金锋团队在拓扑量子计算所需材料的研发方面拥有丰富的经验和国际级的重要成果。北京大学的杜瑞瑞团队则是量子自旋霍尔效应研究的国际领军者，他们研究的体系具有稳定的拓扑特性，非常适合进行量子计算相关研究，而且目前的技术准备工作已经相对完善。

　　量子计算主要技术路线关键指标现状见表 2-1，其中各项指标为不同研发机构、技术方案和样机系统的代表性成果汇总，部分指标基于专家意见给出了数量级估计。

表 2-1　量子计算主要技术路线关键指标现状

	超导	离子阱	光量子	硅基半导体	中性原子
量子比特规模（光子/原子/量子点）	1121（IBM）	37（华翊量子）	255（中国科学技术大学）	16（代尔夫特理工大学）	1180（Atom Computing）
单比特逻辑门保真度	99.99%（马里兰大学）	99.9999%（牛津大学）	99.84%（华中科技大学）	99.96%（SQC）	99.9953%（精密测量院）
双比特逻辑门保真度	99.92%（麻省理工学院）	99.92%（美国国家标准及技术协会）	99.69%（华中科技大学）	99.65%（代尔夫特理工大学）	99.5%（哈佛大学）
SPAM读取保真度	99.2%（苏黎世联邦理工学院）	99.9904%（Quantinuum）	98%（赋同科技）	97%（普林斯顿大学）	99%（QuEra）
T1时间	1.2 ms（马里兰大学）	数百秒量级	数百微秒量级	数百毫秒量级	数百秒量级
T2时间	1.48 ms（马里兰大学）	5500 s（清华大学）	数百微秒量级	0.23 ms（新南威尔士大学）	40+7 s（Atom Computing）

续表

	超导	离子阱	光量子	硅基半导体	中性原子
门操作速度	24 ns（中国科学技术大学）	us～ms 量级	ns～µs 量级	ns～µs量级	数百纳秒量级

来源：中国信息通信研究院（截至2024年6月）

近年来，量子计算主要技术路线竞争激烈，比特数（光子／原子数）和量子体积指标持续提升，量子计算比特数和量子体积指标发展趋势如图 2-4 所示。超导、中性原子和离子阱技术路线是迈向通用量子计算的有力竞争技术，逻辑门型光量子计算和硅基半导体技术路线需要取得重大技术和工程突破才能保持竞争实力。当前量子计算硬件性能水平，距离实现大规模可容错通用量子计算还有很大差距，仍需业界长期艰苦努力攻关。

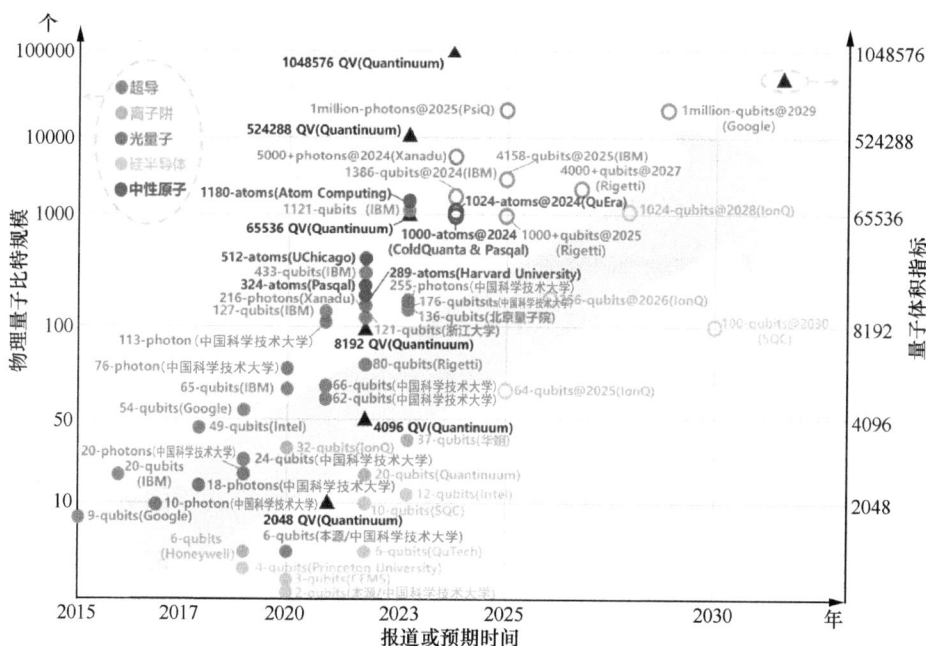

来源：中国信息通信研究院（截至2024年6月）

图 2-4　量子计算比特数和量子体积指标发展趋势

此外，量子计算处理器的正常运行需要极其苛刻的支撑环境，其计算噪声也具备高度复杂性，因此，量子计算的支撑保障系统对于量子计算机的正常运行起到至关重要的作用，不同技术路线面临不同挑战，攻关方向各有侧重。

支撑保障系统是各种技术路线的量子计算原型机必不可少的使能组件，也是当前提升样机工程化水平面临的重要技术瓶颈。其中代表性的量子计算支撑保障系统主要包括稀释制冷机、真空腔、量子计算测控系统等。

稀释制冷机采用多级制冷机制，通常使用脉管制冷机降温至液氦温区（低于 4K），之后基于氦-3 和氦-4 混合液的浓缩相和稀释相分离和循环转换，进一步实现降温，将样品区域温度降低至毫开尔文量级，以满足超导和硅基半导体技术路线量子计算芯片的环境温度要求。稀释制冷机的技术难点主要在于前期预制冷所需的脉冲管和冷头设备制造、极低温区焊接和检漏工艺、样品空间和制冷量提升等方面。稀释制冷机是量子计算的核心装备，提升其国产化自主供给能力对于保障科研探索与工程研发意义重大。近年来，国内相关单位持续进行研发攻关，在样机产品研制方面取得了重要进展。2023 年，中国科学院物理研究所、中船重工鹏力、本源量子等单位相继发布了稀释制冷机样机和相关产品，其技术指标与国外商用产品接近。未来，还需进一步提升样品空间和制冷量及设备集成化水平，以支持量子处理器的大规模扩展。

真空腔是离子阱和中性原子技术路线的量子计算机必需的运行环境，主要功能是消除真空腔内的气体分子，降低其与离子或原子的碰撞概率，避免离子或原子脱离囚禁，从而提升离子阱或原子阵列囚禁稳定性和相干时间。真空腔的主要技术难点在于高性能吸气剂泵和分子泵等关键组件的研制，以及提升气体抽速和腔内真空度等指标。为了进一步提升真空度，未来可以使用更高复杂度和更高成本的低温泵系统。2022 年，启科量子发

布了离子阱低温真空系统 <Aba | Qu | Cryovac>，该系统对低温、真空、电气、光学四大核心要素进行有机整合，为样机系统研制提供了环境保障。

量子计算测控系统主要用于生成操控和测量量子比特的物理信号，按照技术路线的不同需求大致可分为以下两类。一是离子阱、中性原子和光量子等技术路线所需的光学测控系统，它通过激光囚禁或激发天然原子，实现量子比特操纵，再通过单光子探测或荧光成像等方案实现量子态的测量和读出。二是超导、半导体等技术路线所需的微波测控系统，它通过产生微波信号来激励和测量量子比特状态。测控系统属于传统技术领域，相对而言难度较低，在国内外也有多家企业可提供相关设备产品。2023 年，苏黎世仪器发布 QCCS 测控系统，科大国盾推出 ez-Q® Engine 超导量子计算操控系统，中微达信推出 ZW-QCS1000 测控系统，该系统可支持数百位超导和硅基半导体量子计算的测控系统。

未来，为了进一步提升量子计算的比特数量规模和操控精度，我们将面临对环境与测控系统更为严苛的要求。稀释制冷机支持数千比特量级的布线和制冷，而真空系统迈向极高真空环境（小于 10^{-12} mbar）仍有很大的挑战性，激光和微波测控系统也需要发展新型测控架构并进一步提高集成度。当前多种量子计算技术路线并行发展，不同技术路线对于测控系统的需求各有差异，也导致测控系统、低温电子学组件和光电元器件等量子计算供应链的碎片化，上游供应商还难以聚焦某种特定技术路线开展测控系统和核心组件的集中攻关和性能提升。

2.3.3　量子纠错

量子纠错（QEC）是一类保护量子态信息免受环境噪声或退相干影响的技术，是进行高保真量子信息处理的重要环节，也是实现可容错通用量子计算的关键要素之一。量子态不可克隆性、相干性、差错连续性等特性，使量子纠错与经典纠错存在原理性差异。量子纠错将量子信息存储在量子纠错码中，其作为一个较大的希尔伯特空间中的一个特殊子空间，可将常见错误状态移动到与原始编码空间正交的错误空间中，同时保留原状态中的信息。而后通过适当的测量来确定某些粒子是否出错，并应用测量结果和幺正操作等方法纠正原物理状态，而无须测量受保护的量子态本身。量子纠错码的码字旨在纠正特定错误集的纠缠态，可选择与最可能发生的噪声类型相匹配，错误集由一组可以乘以码字状态的运算符表示。

从彼得·舒尔构建第一个利用 9 个物理量子比特来编码 1 个逻辑量子比特的量子纠错编码之后，量子纠错已成为量子计算领域中的一个热门研究方向，量子纠错编码技术方案概况如图 2-5 所示，其中表面码是当前实验中使用较为广泛的量子纠错方案，其优势在于具有较高的容错阈值，仅需近邻量子比特间相互作用，易在超导和离子阱等物理系统中实现。

典型量子纠错码	稳定子纠错编码		拓扑纠错编码	
	Shor码	Steane码	表面码	颜色码
提出时间	1995年	1996年	1997年	2006年
方案	基于量子比特重复码，利用9个物理量子比特编码1个逻辑量子比特	基于汉明码，使用7个物理量子比特编码1个逻辑量子比特	拓扑学、奇异数学为基础，将量子信息编码在二维量子比特晶格中的拓扑码	基于3-可着色晶格的拓扑编码簇，使用颜色区分不同的稳定器
优势	1.可对抗任意但量子比特相位/比特翻转错误 2.方案简单 3.与经典重复码直接类比	1.可对抗任意量子比特相位/比特翻转错误 2.方案简单 3.提出互补基概念 4.给出量子纠错的部分一般性描述	1.容错阈值高 2.在二维布局中只要进行在几何上局域的处理过程	1.对表面码进行改进 2.编码距离较为紧凑
不足	1.效率较低 2.未考虑误差测量错误 3.辅助比特资源消耗大 4.不具有容错性	1.消耗两倍待编码块数的辅助比特 2.不具有容错性	1.增加表面码距离导致编码率消失 2.需用资源密集型方法获得通用编码门集	需用资源密集型方法获得通用编码门集
成果	2022年4月，横滨国立大学，利用Shor码实现金刚石NV色心三比特纠错	2022年4月，哈佛大学，利用中性原子阵列实现纠缠图态（团簇态和Steane码态）可编程	2022年7月，中国科学技术大学，祖冲之2.1实验实现17个量子比特组成的距离为3的纠错表面码	2022年8月，Quantinuum，使用5比特纠错码和Distance-3颜色码演示两逻辑量子比特纠缠门

图 2-5　量子纠错编码技术方案概况

随着量子计算样机硬件能力的提升，量子纠错研究具备了更好的物理基础，并不断取得新进展。2021 年，谷歌报道在悬铃木量子处理器中使用 21 个量子比特组成的一维链重复码，展示对比特翻转或相位翻转错误的指数级抑制。Quantinuum 报道了利用 10 个物理量子比特离子阱系统实现了单逻辑量子比特编码和实时校正。QuTech 报道了研究人员在距离为 2 的表面码量子比特上实现逻辑操作并使用逻辑泡利转移矩阵演示了逻辑门的过程层析成像。2022 年，中国科学技术大学报道了在祖冲之 2.1 实验平台实现了由 17 个量子比特组成的距离为 3 的纠错表面码并在其后处理中减少了 20% 的逻辑错误。谷歌报道了在 72 个量子比特的超导处理器上使用扩展量子纠错代码来抑制逻辑错误。日本理化研究所报道了 3 个量子比特的硅基处理器 Toffoli 门纠错演示。Quantinuum 报道了 12 位离子阱处理器中构建 5 位颜色编码的控制非（CNOT）门纠错验证实验。2023 年，美国哈佛大学、QuEra Computing 公司、麻省理工学院、美国国家标准及技术协会和马里兰大学联合团队成功在一个具有 280 个中性原子物理量子比特的系统中，分别制备了 1 个码距为 7、40 个码距为 3、48 个码距为 2 的逻辑量子比特，并对上述不同码距的逻辑比特进行了错误检测和分析，研究了逻辑比特的性能。2024 年，清华大学、中国科学技术大学和北京量子院联合团队提出了一种基于单个微波谐振子的物理架构，即玻色编码，并将其应用到多个逻辑量子比特以实现纠缠保护。

量子纠错研究颇具挑战性，原因在于量子比特错误的高自由度和高复杂性。第一，单量子比特的操控会引入一定的错误，除非错误概率低于某个阈值，否则将初始化比特与更多的比特纠缠会导致错误传播，从而"越纠越错"。第二，纠错程序本身也有可能引入一定的错误。第三，量子纠错操作是需要反复进行的，而非一次性完成，该过程需要在一个纠错周期内多次进行可靠的操作。第四，虽然少量量子比特足以验证量子纠错原理，但要想真正实现量子纠错，仍然需要大规模量子比特支持。例如在错误率为 0.001 的条件下，要高保真地执行舒尔（Shor）算法或量子化学中的哈密顿量模拟，所需纠错编码距离约为 35，约需 15000 个物理量子位来编码一个逻辑量子位。此外，并非所有类型的逻辑门都可以转换到由大量分散的物理比特组成的逻辑比特，而为避免这类问题而引入的魔法态编码也将会产生额外开销。量子纠错的验证和实现仍面临诸多挑战，有待进一步探索。

《量子计算：发展与未来》一书中给出了在当前硬件水平和纠错能力条件下，使用串行量子方法进行量子化学结构的哈密顿量模拟任务中，在不同硬件物理量子比特错误率条件下，使用表面码进行 QEC 所需要的开销和资源情况的估计。当量子比特的错误率达到 10^{-9} 量级时，构建单个逻辑比特需要 313 个物理量子比特；当错误率上升到 10^{-6} 量级，则需要 1103 个物理量子比特。在最差量子比特错误率为 10^{-3} 的情况下，也是最接近现有硬件水平的条件下，产生单个逻辑量子比特就需要 15313 个物理量子比特，总的物理量子比特需求高达 170 万位。如果考虑使用非克利福德门的通用门集，则魔术态蒸馏所需的 T 态将引入更高的冗余物理位要求，整体物理量子比特需求超过 1.8 亿个。虽然量子化学模拟算法的研究也在持续进行，且比特位需求可能会得到改善，但从中可以看出，目前量子计算硬件和量子纠错的发展水平，难以支持已知的有实用价值的量子算法（例如化学模拟和 Shor 算法等），从而难以进行有意义的配置和实施。

研究开发新量子纠错码和新量子容错方案，目的是显著降低实现容错量子计算所需的资源开销。这项工作大部分都集中在研究表面码及其变体上。由于表面码存在许多未解决问题，研究人员也在继续寻找使用这些代码的更好方法，以及评估和解码的更好方法。未来，当量子计算实验系统达到可以运行容错实验的规模和质量，并且样机可以交叉并行地进行量子操作和测量时，我们就可以实际测试 QEC 方案并对理论研究进行验证。这些实验带来的好处是，QEC 研究人员将看到真实系统错误的影响和来源，而不是仅使用理论化的噪声模型，这一点对于针对性地开发更有效的量子纠错码是至关重要的。

研究表明，表面码在较差的质量条件下也具有实现逻辑量子比特的潜力，但是综合而言，当前硬件系统与实现逻辑量子比特的要求，无论是在物理量子比特数量还是比特错误率指标方面，都存在巨大差距。此外，实现逻辑量子比特也需要硬件系统和 QEC 技术之间双向奔赴。未来，进一步研究改进量子纠错码方案，能够降低实现逻辑量子比特的条件要求。

由于纠错编码的复杂性、不可逆性和环境噪声等影响，QEC 实验一度面临"越纠越错"的窘境。突破 QEC 的盈亏平衡点，实现纠错编码规模与相干时间、错误率等性能指标的正增益，对实现逻辑量子比特具有里程碑意义。2023 年，谷歌报道了首次越过 QEC 规模与收益平衡点的成果，证明了提升纠错编码规模后可降低错误率，验证了量子纠错的现实可行性。南方科技大学报道了以离散变量编码逻辑量子位突破 QEC 盈亏平衡点，将量子比特寿命延长约 16%。耶鲁大学报道了利用实时 QEC 方案超越盈亏平衡点，实现逻辑量子比特寿命增加一倍。

虽然 QEC 突破盈亏平衡点实验具有重要里程碑意义，但现有 QEC 技术方案的纠错效率、容错阈值，以及量子计算硬件的逻辑门保真度、可相干操控比特数等指标，与实现逻辑量子比特操控和容错计算仍有很大差距。QEC 未来发展的主要方向包括：优化利用高维度量子资源实现逻辑量子比特的量子纠错编码方案，开发对特定噪声免疫的量子态调控方案，研究分布式量子纠错架构，在考虑计算资源的同时探究切合实际的纠错性能评价指标，实现带量子纠错的量子计算优越性等。实用化 QEC 已经成为全球量子计算业界关注的焦点和攻关突破的重点方向，未来将有更多进展和成果涌现。

2.3.4 量子计算软件

量子计算软件是连接用户与硬件的关键纽带，在编译运行和应用开发等方面需要根据量子计算原理特性进行全新设计。它提供面向不同技术路线的底层编译工具，具备逻辑抽象工程的量子中间表示和指令集，以及支撑不同计算问题的应用软件。目前量子计算软件处于开放研发和生态建设早期阶段，业界在量子计算应用软件、编程工具、EDA 软件等方向开展布局，量子计算软件体系架构如图 2-6 所示。

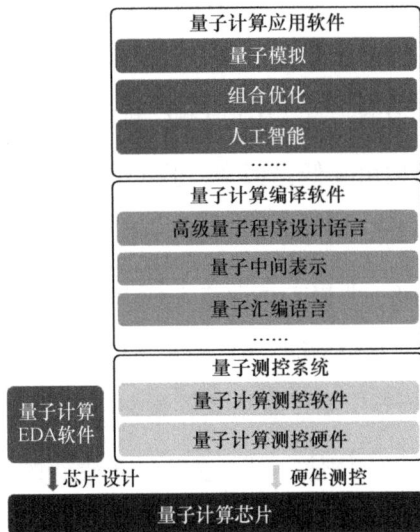

来源：中国信息通信研究院

图 2-6 量子计算软件体系架构

应用软件为开发者提供创建和操作量子程序的工具集、开发组件和算法库，国内外代表性量子计算应用软件见表 2-2。

表 2-2　国内外代表性量子计算应用软件

类别	名称	领域	发布机构
量子计算应用软件	OpenFermion	化学	谷歌
	TensorFlow Quantum	人工智能	
	PennyLane	机器学习	Xanadu
	InQuanto	化学	Quantinuum
	Qristal SDK	化学、经典量子混合应用、自动驾驶	Quantum Brilliance
	SuperConga	量子物理	查尔姆斯理工大学
	ChemiQ	化学	本源量子
	VQNet	人工智能	
	HiQ Fermion	化学	华为
	QuOmics、QuChem、QuDocking、QuSynthesis	化学、生物制药	图灵量子
	QuFraudDetection、QuPortfolio	金融	

来源：中国信息通信研究院

量子编程工具主要指的是量子编程语言。根据量子编程语言在整个量子计算系统全栈（见图 2-7）中所处的层次，将量子编程语言分为以下几类：高级量子程序设计语言、量子中间表示和量子汇编语言。类比于经典编程语言，高级量子程序设计语言是一种面向用户的程序语言，开发者通过调用预制的量子算法库和自定义算法，可以方便地实现自己的量子应用。量子汇编语言是更加贴

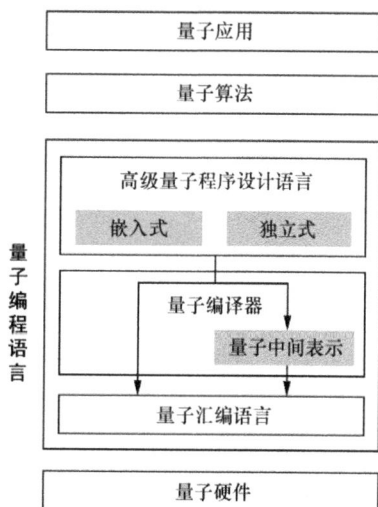

图 2-7　量子计算系统全栈示意

43

近量子硬件的编程语言，可以通过量子操作系统直接调用底层量子指令。在当前阶段，量子编程语言和量子硬件仍然处于发展阶段，开发者可以直接通过高级量子程序设计语言来生成量子汇编语言，将量子汇编语言作为构建编译器的中间表示。对于小规模的量子任务，开发者也可以直接根据量子算法需求用量子汇编语言来编写程序，并且在量子硬件上执行。

国内外代表性量子计算编程工具见表 2-3。接下来对几类典型编程工具进行介绍。

表 2-3　国内外代表性量子计算编程工具

类别	名称	特性	发布机构
量子计算编程工具	Qiskit	具有 Terra、Aqua、Ignis、Aer 4个功能模块，可用于编写、模拟和运行量子程序	IBM
	Cirq	针对量子电路精确控制、优化数据结构	谷歌
	QDK	Q#编程语言、编译器、资源估算器等	微软
	Forest	全栈编程和执行环境，Quil、pyQuil等组件	Rigetti
	qbsolv	协助开发者为 D-Wave 机器开发程序	D-Wave
	Strawberry Fields	支持Python库原型设计和量子电路优化	Xanadu
	Pulser Studio	以图形方式构建量子寄存器并设计脉冲序列	Pasqal
	Qadence	简化在相互作用的量子比特系统上构建和执行数字模拟量子程序的过程	
	Super.tech	根据硬件的脉冲级原生门自动优化量子程序	SuperstaQ
	ProjectQ	基于Python编译并对量子电路编译优化执行	苏黎世联邦理工学院
	Qulacs	基于Python/C++编译，可模拟噪声量子门、参数化量子门等	京都大学
	HiQ	包含量子最优控制算法和脉冲库，提供快速优化设计的调控解决方案	华为
	TensorCircuit	支持自动微分、即时编译、向量并行化和GPU加速	腾讯
	QPanda	支持Python语言和QASM、OriginIR、Quil等平台，可用于构建、运行和优化量子算法	本源量子

续表

类别	名称	特性	发布机构
量子计算编程工具	isQ-Core	支持经典量子混合编程，提供量子电路分解、优化和映射等功能	中国科学院
	QuBranch	提供"一站式"集成开发环境，支持Windows、Mac、Linux等操作系统	启科量子
	SpinQit	支持Python/OpenQASM 2.0编译和经典量子混合编程，兼容Qiskit语法	量旋科技

来源：中国信息通信研究院

① Qiskit 是 IBM 研发的量子编程软件，提供完整的工具集来编写、模拟和运行量子程序。它包含 4 个核心组件。Terra 模块支持量子门和脉冲级别的编程，为量子程序提供基础并优化特定设备的线路和脉冲。Aqua 模块用于高级编程，涵盖量子化学、优化和人工智能算法，并可与 Aer 结合验证量子计算机性能。Aer 模块提供高性能的量子电路仿真器框架，可模拟真实噪声对计算的影响。Ignis 专注于错误检测和纠正，为量子计算提供新路径，对用户设计量子纠错码、表征错误、探索更好的门使用方法等很有帮助。Qiskit 旨在通过提供易用的工具和接口，降低量子计算的门槛，使更多领域的专家能探索量子计算的潜在优势，满足广大从业人员在软件堆栈的各个层面使用量子计算并做出贡献的需求。

② Cirq 是谷歌开发的量子算法框架，采用开源 Python 库形式，开发者不需要具备深厚的量子物理学背景即可构建算法。它提供对量子电路的细致操控和优化的数据结构，以充分利用噪声中等规模量子（NISQ）架构，并助力探索 NISQ 计算机解决重要计算问题的潜能。目前，开发者可使用 Cirq 设计在模拟器上运行的量子算法，并可与量子计算机或更大的模拟器云端集成。此外，Cirq 与专注于化学问题量子算法的 OpenFermion 平台兼容，可将量子模拟算法编译成 Cirq 代码，将复杂的化学问题转化为针对特

定硬件优化后的高效量子电路。

③ QDK 是微软推出的量子计算开发工具包，采用 Q# 语言编写量子程序，内容丰富，包含 Q# 编程语言和编译器、标准库、示例教程，还包括量子程序模拟器和资源估算器。同时，QDK 还融合了 VS、VS Code 环境扩展和 Jupyter 平台，为量子开发者提供全方位支持。

④ Forest 是由 Rigetti 开发的量子计算全栈编程和执行环境，它作为一套软件工具，允许用户在 Quil 中编写量子程序，然后通过量子云服务（QCS）平台或模拟器编译和运行程序，将经典计算基础设施与量子处理器集成，通过云端提供给用户。Forest 的 SDK 由以下 3 个部分组成：（a）pyQuil，用于构建和执行 Quil 程序的 Python 库；（b）quilc，用于优化的 Quil 编译器；（c）QVM，即量子虚拟机（量子计算机模拟器）。

⑤ QPanda 是本源量子推出的开源量子计算编程框架，可用于构建、运行和优化量子算法，也是其量子计算软件的核心库。它支持 C++ 和 Python，兼容多语言和多模式，可对接不同量子平台，如 QASM、OriginIR、Quil 等。QPanda 不仅提供本地量子虚拟机，包括部分振幅量子虚拟机、单振幅量子虚拟机、全振幅量子虚拟机和含噪声模式的量子虚拟机，还能直连本源的量子云，方便用户运行量子程序。

⑥ HiQ 是华为推出的量子计算模拟器云服务平台，它整合了量子计算模拟器和编程框架。它提供 3 种在线编程环境：基于 Jupyter Notebook 的交互式环境、云原生的 CloudIDE 和图形化的 HiQ Composer。用户只需通过浏览器即可进行量子编程，无须安装额外软件。Jupyter Notebook 环境提供了 Web 交互式体验，支持 MindQuantum 框架。CloudIDE 则是一个云原生的轻量级 WebIDE，具备 HiQ 量子计算插件，支持多种容器和集群模式。而 HiQ Composer 允许开发者通过拖曳量子门来直观搭建量子线路。目前，

HiQ 平台主要支持 Python 编程环境，为用户提供灵活且高效的量子计算开发体验。

⑦ ProjectQ 由苏黎世联邦理工学院开发，是一款使用 Python 编程语言实现的量子计算的开源软件框架，具有能够针对各种类型硬件的编译框架、具有仿真能力的高性能量子计算机模拟器和各种编译器插件。ProjectQ 可以将这些程序转换为任何类型的后端，允许用户在 IBM Quantum Experience 芯片、AQT 设备、AWS Braket 或 IonQ 服务提供的设备上运行量子程序（未来将支持其他硬件平台），可在经典计算机上模拟量子程序，并在更高的抽象级别上模拟量子程序（例如，模仿大型预言机的动作，而不是将它们编译到低级门），还可将量子程序导出为电路（使用 TikZ），此外还可用于获取资源估算。

⑧ QuBranch 由启科量子开发，是一款基于 VS Code 的量子编程集成开发环境，支持中国信创体系。QuBranch 专为开发者提供一种量子程序开发工具，包括编辑、调试、量子模拟执行等功能，可为量子计算编程提供"一站式"集成开发环境，支持 Windows、Mac、Linux 等操作系统。QuBranch 的初版已发布，支持模拟运行格罗弗（Grover）算法等多种量子算法。QuBranch 还将完善量子模拟执行、经典宿主语言支持等相关功能，为量子开发者提供更高效、智能的 QuBranch。

芯片设计 EDA 软件主要用于实现量子芯片的自动化设计、参数标定与优化、封装设计等功能，国内外代表性量子计算 EDA 软件见表 2-4。

表 2-4 国内外代表性量子计算 EDA 软件

类别	名称	特性	发布机构
量子计算 EDA软件	Qiskit Metal	用于超导量子处理器，构建芯片设计图，产生定制组件	IBM

续表

类别	名称	特性	发布机构
量子计算EDA软件	KQCircuits	用于超导量子处理器，可用于芯片设计，并在制造器件之前检查信号路由	IQM
	FeynmanPAQS	光量子芯片设计辅助系统与光学模拟系统	图灵量子
	本源坤元	支持超导和半导体量子芯片版图自动化设计	本源量子
	天乙	用于超导量子处理器，通过参数化生成量子器件，具备出色的自动布线算法	量旋科技

来源：中国信息通信研究院

总体而言，量子计算软件目前处于开放式探索阶段，不同软件功能各有侧重，但由于硬件技术路线尚未收敛、应用探索尚未落地等原因，软件技术水平基本处于研究工具级别，与经典软件成熟度相距尚远。量子编程语言和框架、量子编译器和优化器、量子误差校正模块等关键功能特性仍需要持续研发，构建完善的软硬件技术栈和应用生态还有待业界进一步协同推动。

2.3.5 量子计算基准测评

量子计算基准测评通过设计科学的测试方法、工具和系统，对测试对象的性能指标进行比较和评估。这种客观中立的评价方式在计算机、人工智能、云计算等领域发挥了重要作用。量子计算基准测评对于表征硬件关键性能指标和评价系统能力有重要意义，也是分析量子计算技术产业发展水平的重要参考。量子计算评价体系和测评基准的设计应遵循开放性、易用性、客观性、可复现性、科学性、系统性和可追溯性的原则。

目前，量子计算基准测评技术研究处于百家争鸣的阶段。本书从两个维度对测评技术进行分类，量子计算基准测评技术架构如图2-8所示。

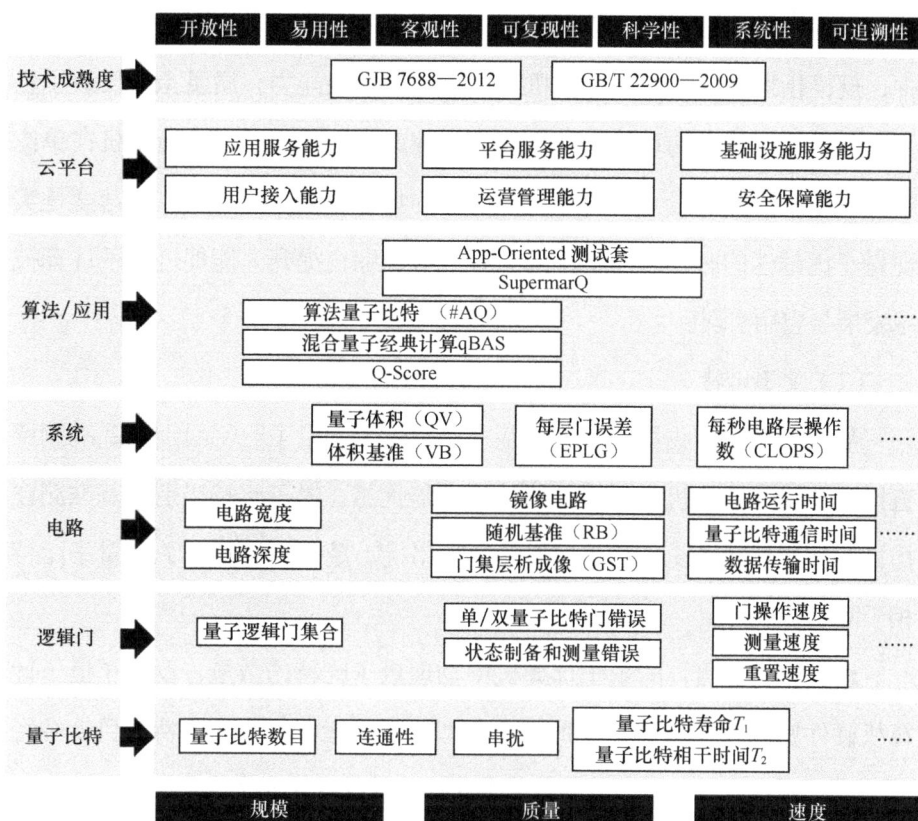

图 2-8 量子计算基准测评技术架构

其中，纵向维度依据硬件－软件－应用划分为 5 个层次，分别是量子比特、逻辑门、电路、系统和算法／应用等不同层面的基准测评。在此之上还有量子计算云平台测评和整体技术成熟度评估 2 个维度的测评。越接近底层硬件的测评越能反映量子计算机的技术细节（例如量子比特的噪声模型、噪声的复合形式等），但是这类测评技术专业性要求较高，适合硬件研发人员在开发或优化量子处理器时应用。越接近应用层的测评技术指标越单一，并且直观易懂，可以对量子计算机在解决特定问题时的性能做出综合评价。这类测评屏蔽底层硬件实现细节，适合应用开发者或行业用户使用。横向维度测评技术则是从规模、质量、速度 3 个方面进行划分。其中，规模指标反映了量子计算机解决问题的极限能力，质量指标反映了量子计算机执行任务的可靠性和可信度，速度指标反映了量子计算机在单位时间能完成的工作量。规模是量子计算的物理基础，高质量和高速度是实现量子优越性的必要条件，未来只有三者的综合提升才能促进量子计算技术发展与应用实现。

（1）量子比特

量子比特是构成量子计算的基本物理单元。量子比特级别的基准测评直接反映量子计算机底层物理硬件的性能优劣。量子比特级别的基准测评指标主要包括量子比特数目、连通性、串扰、量子比特寿命 T_1、量子比特相干时间 T_2 等。

量子比特数目，即量子计算机中物理量子比特的数量，反映了量子计算机硬件资源的最大能力，是一个典型的规模指标。量子比特数目就像经典计算机的 CPU 数量一样，没有计算机专业背景的人也能定性地评估出计算机的性能。目前硬件开发还不够完备，系统中存在各种各样的错误，需要通过量子纠错进行优化。因此又提出逻辑比特的概念，通过数百个甚至更多的物理比特进行冗余编码来形成一个逻辑比特，逻辑比特的数目能更客观地反映量子计算机的理论计算能力。

连通性反映了量子比特之间的系统布局，不同的技术路线可实现的连接方式有所不同。目前实现的量子计算原型机中量子比特之间的布局包括最近邻连接、重六边形晶格、全连接等形式。量子比特之间的连接性在一定程度上影响着量子计算处理器执行算法的性能。

量子比特由一个二能级系统构成。量子比特寿命 T_1 是指量子比特从高能级 |1> 衰变到低能级 |0> 的时间，即 $P(|1\rangle) = \mathrm{e}^{-t/T_1}$。$T_1$ 描述的是量子态纵向

弛豫的时间，纵向弛豫会改变量子比特在 |0> 态和 |1> 态的分布概率。量子比特还存在一种横向弛豫，横向弛豫不会改变量子态的概率，但是会使量子状态在布洛赫球面的 xy 平面出现一个角度偏移，这种角度偏移最终会使量子比特从相干态退化为混合态，这种横向弛豫时间用量子比特相干时间 T_2 表示。

（2）逻辑门

对于基于门操作的量子计算机，量子逻辑门级别的测评基准直接反映量子比特执行计算操作的能力。

量子逻辑门集合是指供应商的量子计算机上定义的门操作的种类集合。不同的技术路线实现逻辑门操作的难度不同，因此不同供应商的量子逻辑门集合也存在一定的差异。这种差异会导致相同的算法在不同的量子计算机上编译出的门电路不同。实验发现，不同的编译方式对算法的执行也存在一定的影响。

逻辑门质量的测评指标主要包括单 / 双量子比特门错误率、状态制备和测量错误率等。量子比特门错误率和量子比特门保真度是两个对应的概念。1% 的门错误率对应 99% 的门保真度，也就是说每次对量子比特执行门操作时，获得正确结果的概率为 99%。需要指出的是，量子比特门错误在门电路中是逐步累积的。执行 M 个门操作后其保真度仅为 0.99^M。如果以 $1/e \approx 0.37$ 作为阈值，对于保真度为 99% 的系统最多可以执行 98 个门操作。另一种错误是状态制备和测量错误，它衡量系统将量子比特正确设置到初始态和测量态分布的可能性。与门错误不同，每个量子电路中状态制备和测量错误只发生一次。

保真度可以用来描述量子门能否如实地反映理想的操作。直观上说，保真度代表了实验上的量子门操作与理论上的差距，目前并没有统一的标准。一般来讲，假设理想的量子门操作过程矩阵为X_{ideal}，而在量子硬件上实际发生的过程为X_{exp}，则量子门操作的保真度可以写成$F = Tr(X_{ideal}X_{exp})$的形式，也可以将保真度用量子态概率表示，即$F_s(P_{ideal}, P_{output}) = \left(\sum_x \sqrt{P_{output}(x)P_{ideal}(x)}\right)^2$。

评价逻辑门速度的测评指标包括门操作速度、测量速度、重置速度，这些指标分别评价单位时间内执行门操作、测量操作、重置操作的次数。同时这3种速度与T_1、T_2共同决定了量子计算机可以处理各种操作的最多次数，因为只有在量子比特寿命范围内执行操作才是有意义的。

（3）电路

对于基于门操作的量子计算机，任何量子算法最终都会被编译成一系列量子门电路。因此，基于量子电路和系统的基准测试更容易反映量子计算机在运行算法时的综合性能。

量子电路规模往往通过电路深度和电路宽度来衡量。电路宽度定义为电路中的量子比特数目，电路深度则反映电路执行门操作的层数。量子处理器能支持的电路深度和宽度越大，对应可求解的问题越复杂。但是考虑到量子处理器中存在的各种错误，还需要考量电路输出结果的特性。因此，科学家设计了一系列基于量子电路和系统级别的基准测试方法。这些基准测试方法具有类似的基本结构：在量子计算机上执行一组特定的实验量子电路，对输出的数据进行分析处理，以评估量子计算机某个方面的性能。这些方法主要包括门集层析成像（GST）、随机基准（RB）测试、镜像电路测试、量子体积（QV）、每秒电路层操作数（CLOPS）等。

GST是一种可以全面且客观分析量子计算性能的基准测试。固定输入/经典输出的量子电路主要包含3个部分：状态准备、一系列量子门操作和量子态的测量。量子门集就是指这3个部分组成的集合。所谓层析就是将一个未知实体（状态准备ρ、运行过程G或测量M）置于假设已知的参考系中，评估实际输出与理想输出的差距，量子门集层析成像原理示意如图 2-9 所示。GST 对于实验规模和后处理要求极高，获得 GST 测评结果相当于求解高度非线性化的优化问题。测评单个量子比特大约需要 80 次实验，测评两个量子比特时，实验次数就会增长到 4000 次。

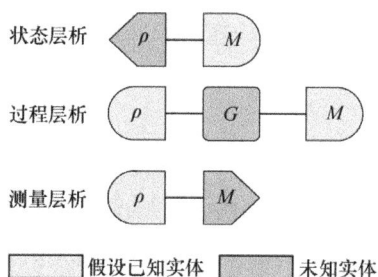

图 2-9 量子门集层析成像原理示意

大多数情况下，用户关心的并不是量子硬件上执行的真实量子门，而是量子硬件上的门操作与预期的差距。RB 测试提供了这样一种标定手段。在初始态为 $|0\rangle$ 的量子比特上施加从克利福德群中随机选取的 m 个量子门操作组成的量子线路，然后施加一个复原门 C_r，使理论上的量子比特仍然处于 $|0\rangle$ 态。在实际量子线路中，由于量子门操作保真度不是 100%，经过上述操作后处于 $|0\rangle$ 态的概率随着线路中门的数量 m 的变化，可以表示为 $P_g = Ap^m + B$，其中 p 是平均每个克利福德门的保真度，A 和 B 是拟合参数。

RB 测试只能用于包含在克利福德群中的量子门操作，而不适用于任意的量子门操作。交叉熵可以用来近似地表示线路的保真度，它的表达式为 $\alpha = \dfrac{S(P_{\text{incoherent}}, P_{\text{expected}}) - S(P_{\text{measured}}, P_{\text{expected}})}{S(P_{\text{incoherent}}, P_{\text{expected}}) - S(P_{\text{expected}})}$，其中 $P_{\text{incoherent}}$ 是在完全退相干的情况下得到的量子线路输出所有态的概率，P_{expected} 是理论上量子线路应该得到的所有态的概率，P_{measured} 是实际测到的概率，S( ) 为求交叉熵运算。

RB 测试可扩展性强，资源需求随量子比特数呈多项式增长，优于 GST 的指数增长。但其受限于克利福德门集，保真度指标单一，无法全面评估性能或分析噪声模型，且门的错误独立假设可能导致测试误差。

镜像电路测试是对数据进行正向和反向计算，这种设计可以大大缩短测试时间。由于测试方法的输入和输出是一致的，测试人员无须进行过多的数据处理，就能快速评估量子计算机的性能。

（4）系统

在以上研究的基础上，IBM 提出了量子体积（QV）、每秒电路层操作数（CLOPS）和每层门误差（EPLG）3 项系统级别的基准测试方法，来综合评估量子计算机的规模、质量和速度。QV 测评中将电路层数定义为一层量子比特排列层和一层随机两比特幺正门 SU(4)，QV 测试电路示意如图 2-10 所示。QV 由量子处理器能够成功运行的最大随机方形电路（宽度等于层数）的 QV 层数定义。量子体积对量子处理器的硬件特性，例如量子比特数目、量子寿命（T_1 和 T_2）、门保真度和测量保真度等非常敏感，同时还受连通性和编译方式的影响，因此，QV 能够综合反映系统的整体性能。CLOPS 定义为单位时间内一个量子处理单元（QPU）可以执行多少层参数化的 QV 电路。之后，IBM 又更新了定义，提出 $CLOPS_h$，其中"层"不再代表一组同时作用于所有随机量子位对的双量子位门，而是代表能够在系统架构上并行运行的双量子位门。更新后的定义充分考虑了硬件实现（特别是连通性）和编译方式对测试结果的影响，更直接地反映了底层硬件的处理速度性能。EPLG 是描述层保真度的指标，它不仅能体现处理器运行电路的整体性能，还能反映单个量子比特、逻辑门和串扰等细节信息。使用 QV、CLOPS 和 EPLG 可以综合评估量子计算机的规模、质量和速度。

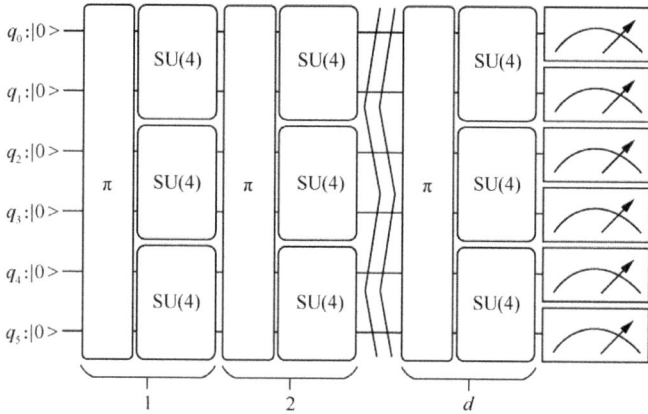

图 2-10 QV 测试电路示意

QV 评价的是量子计算处理器能可靠地产生随机状态的最大量子比特数量。但是 QV 中设定的方形电路不具有普遍意义。一般来说，量子电路的深度随着电路宽度（即量子比特数）的增加而增加。但是大部分算法的电路不是方形的。例如，Shor 的因子分解算法需要 $O(n)$ 个量子比特，但需要的电路深度为 $O(n^3)$。Grover 用于搜索 n 位字符串的算法要求子电路重复 $O(2^{n/2})$ 次，与经典算法相比具有平方根加速优势。另外，许多量子算法通过重新优化可以大幅缩减电路深度，其代价是需要更多的量子比特数目。此外，不同类型的噪声对量子电路影响各异，因此量子体积难以全面反映计算机性能。局部去极化误差对所有电路影响相似，但么正误差在随机电路和周期电路中表现迥异。串扰和非马尔科夫误差影响更复杂，目前尚无准确模型来描述。

基于以上思考，美国桑迪亚国家实验室提出一种体积基准（VB）。体积基准和量子体积最大的区别在于对量子电路宽度 w 和深度 d 两个参数的解耦，即将量子体积中的方形电路扩展成为矩形电路。体积基准是一个开放的基准测试框架，其开放性主要体现在判定标准与电路选取两个方面。该基准既可选择运行单一的量子电路，也可选择运行一组相同宽度和深度的电路进行评估。判定标准也可以根据实际需求灵活选择，例如设定电路正确结果的概率阈值，或衡量实际与理想结果分布的差距等。此外，在电路集合的多样性上，它并不局限于某一种特定类型的电路，而是可以选取随机电路、周期电路或应用电路等多种类型。这种设计使评估更加全面，能够更真实地反映量子计算机的性能。例如，随机电路用于测试量子计算机的随机性能；周期电路则通过重复执行子程序来放大相干错误，反映许多量子算法的实际运行方式；应用电路则模拟实际应用中的电路，更直接地评估量子计算机求解特定问题时的性能。

（5）算法／应用

电路级和系统级的测试并不能直观地反映量子计算机对特定问题的求解能力。因此，可以考虑将一些量子应用，如量子傅里叶变换、数据库搜索算法、哈密顿量模拟等直接用作基准测试，这就是面向应用级别的基准测评技术。它更适合用户调用，并且一般返回单一的指标和评分综合反映性能优劣，能够评估量子计算机在解决特定问题时的能力。例如适用于混合量子经典计算 qBAS，适用于标准优化问题的 Q-score，以及汇集多种算法应用的 App-Oriented 测试套、SupermarQ、算法量子比特（#AQ）等。

2021 年，美国量子经济发展联盟（QED-C）公布了 App-Oriented 测试套，以特定量子算法（如 Shor 算法、Grover 算法、QFT 算法等）为基础，用于测试量子计算机在实际相关任务上的性能。套件将每种应用算法设计为问题规模可变的函数，并返回该算法在特性问题规模下的执行时间和保真度，分别评估量子计算机的速度和质量，App-Oriented 测试套流程示意如图 2-11 所示。2024 年，QED-C 更新了 App-Oriented 测评基准套件，扩展了面向 HHL、VQE、量子机器学习等算法的测评基准，并引入计算结果质量（如最终基态能量、分类准确率等）和计算成本等参数进行量子计算性能评估。

面向应用算法的基准测评
1. 选择应用算法
2. 选择量子计算机后端（真实QPU或量子电路模拟器）
3. 初始化测评模块
4. 循环1：问题规模（电路宽度）
5.   循环2：经典和量子执行例程交错执行次数
6.   执行经典部分
7.   创建量子电路
8.   循环3：参数化量子电路赋值
9.   执行量子电路
10.   结束循环3
11.   收集电路测试结果
12.   结束循环2
13.   收集电路组测试结果
14. 结束循环1

图 2-11 App-Oriented 测试套流程示意

结合 App-Oriented 测试套的基本思想，IonQ 重新定义了算法量子比特（#AQ）的基准测评方法。#AQ=N 定义为在电路宽度为 N，电路深度为 N^2 的矩形区域内运行的所有电路都满足阈值要求。阈值要求一般定义为结果保真度减去基于测量次数的统计误差仍大于 $\frac{1}{e} \approx 0.37$。

需要指出的是，越来越多的研究表明，量子程序编译（特别是量子电路优化和比特映射过程）、量子纠错、错误缓解等技术会严重影响基准测试的结果。2022 年，美国洛斯阿拉莫斯国家实验室团队在实验中发现，由于量子处理器芯片上量子比特的质量不均匀性和连通性受限，QV 基准的量子电路映射到不同的量子比特上时，结果差异很大；同时在量子程序编译过程中会对量子电路进行优化，不同的优化算法也会影响 QV 测试结果。2024 年，Quantinuum 团队在其报告中进一步指出，#AQ 测试在某些情况下可能导致对量子计算机性能的高估。这种高估往往来自错误缓解技术（例如多数投票法）和电路编译策略的运用。这些技术在某些情境下能显著提升量子电路效率和精度，但在整体性能评估中可能会产生误导。例如，多数投票法通过重复电路并依据多数结果输出，能降低错误率，但也可能掩盖了量子比特或逻辑门的固有问题。此外，编译策略的选择也会影响性能评估，因为某些编译策略可能针对特定电路或处理器进行优化，但是这种优化并不具有通用性，无法适用于所有应用场景。因此，在评估和比较不同量子计算机的性能时，必须考虑到这些因素，以确保测试结果的客观性和公正性。

对于量子计算云平台的测评主要包括硬件和软件两大部分。硬件可以参考上述各层级的测试基准进行关键功能和性能的测评；软件主要测试云平台的功能完备性、接口一致性、系统安全性等。

除了上述基准，量子计算的测评技术还可以包括外围保障系统测评（如制冷性能、真空性能、隔振性能等）和技术成熟度评估。这些测评技术不是专门为量子计算设计的，因此本书不做具体介绍。

随着量子技术的演进，新的测评指标或将出现。现有体系基于物理量子比特，而未来随着量子纠错技术的成熟，逻辑量子比特的性能评估需深入研究。量子纠缠可连接不同地点的量子计算机，并大幅提升计算能力，有望促成分布式量子计算或量子云计算。因此纠缠连接和不同物理体系之间的转换能力也需要新的基准测试技术。

未来，量子计算评价体系和测评基准将朝着开放性、易用性、客观性、可复现性、科学性、系统性和可追溯性的方向发展。基准测评技术体系和方法会随着量子计算机硬件的不断成熟而日趋完善。单一的指标无法综合评估性能优劣，并且不同的应用需求也对应不同的基准测试。因此"归一化"是量子计算基准测评发展的必然方向，即由繁杂的多维度测评方案收敛成一种标准化的、可纵向对比的测评体系。

2.3.6　量子计算云平台

量子计算云平台将量子计算机硬件、模拟器、软件编译和开发工具，与经典云计算软硬件和通信网络设备相结合，可为用户提供直观和实例化的量子计算接入访问与应用服务。量子计算云平台集成了量子计算软硬件能力，面向用户提供服务，成为支撑算法研究、应用探索和产业培育的生态汇聚点，并推动应用探索和产业化发展。近年来，科技巨头、初创企业与研究机构为抢占应用产业生态核心地位，纷纷加大量子计算云平台的建设投入和推广力度。全球已有数十家公司和研究机构推出了不同类型的量子计算云平台，国内外代表性量子计算云平台概况如图 2-12 所示。

硬件类型	超导			离子阱	光量子	半导体/超导	退火	云平台服务		
平台提供者	IBM	Rigetti	谷歌	IONQ	XANADU	QuTech	D-Wave	亚马逊	微软	STRANGE WORKS
平台名称	IBM Quantum	Quantum Cloud Services	Google Cloud	IonQ Quantum Cloud	Xanadu Quantum Cloud	Quantum Inspire	Leap	Amazon Braket	Azure Quantum	strangeworks QC
最新处理器	Sprey	Ankaa-1	Sycamore	Forte	Borealis	Spin-2 Starmon-5	Advantage	D-Wave、IonQ、OQc、Rigetti、Xanadu	IonQ、QCI、Rigetti、Quantinuum、Pasqal	IBM、Xanadu、Quantinuum、Rigetti…
量子比特数	433	84	72	32	216	2; 5	5000+	QPU family	QPU family	QPU family

硬件类型	超导		光量子	中性原子	模拟器	云平台服务		
平台提供者	中国科学技术大学&国盾量子	北京量子院&物理所	本源量子	中国电信	图灵	武汉量子院	华为	中国移动	弧光量子
平台名称	量子计算云平台	quafu	本源量子云	天衍量子计算云平台	Soft Qubit	酷原量子云	HiQ	"五岳"量子计算云平台	弧光量子云平台
量子处理器	骁鸿176	Yunmeng、Baiwang、Baihua、Miaofeng等	本源悟空	超导176量子芯片	—	—	—	波色800伊辛机 量子科技长三角创新中心-超导量子计算机(待上线) 华湖量子-离子阱量子计算机(待上线)	超导66比特量子芯片 离子阱11比特量子芯片
量子比特数	176 (66计算比特)	156,136,113,108 等，并形成 500 余比特的量子算力集群	72	176 (66计算比特)	—	—	—	100专用光量子比特	66; 11

来源：中国信息通信研究院（截至2024年6月）

图 2-12　国内外代表性量子计算云平台概况

美国以 IBM、亚马逊、谷歌、微软等为代表的科技巨头和以 Rigetti、Strangeworks 等为代表的初创企业先后推出了各自的量子计算云平台，对外提供量子计算硬件或量子线路模拟器的接入使用和应用开发等服务。加拿大、欧洲各国也相继推出各自的量子计算云平台。我国在量子计算云平台方面起步较晚，但近年来多家科技公司、初创企业和研究院所陆续推出量子计算云平台，并在编程语言、编译框架、应用服务、接入体验等方面积极推出相关服务，支撑量子计算领域科学研究、科普推广和应用探索。我国云平台提供商既包括移动云、天翼云、华为等传统云提供商和互联网科技企业，也包括本源量子、量旋科技、弧光量子等量子计算初创企业，还包括北京量子院、中国科学院等研究机构。

从云平台后端量子计算硬件技术发展路线来看，云平台后端的量子计算处理器主要可分为逻辑门型和专用型两类。目前，超导路线仍是逻辑门型量子计算处理器的主流方向，此外，国内外也上线了部分离子阱、光量子、中性原子、核磁共振等路线的量子处理器。专用型量子计算处理器不具备量子逻辑门操控和量子纠错编码等能力，但可用于求解组合优化、量子退火和玻色采样等特定问题，主要包括量子退火机、玻色采样机和相干伊辛机等类型。D-Wave是最早进行量子退火机研发的企业，于2018年推出了基于量子退火机的量子计算云平台Leap。近年来，该企业基于云平台在运输物流、生命科学、投资金融等领域开展应用探索。2023年，玻色量子发布了100比特相干光量子计算机，与中国移动共建了"五岳"量子云平台。

总体来说，众多国内外研究机构和企业已纷纷布局并推出了量子计算云平台产品和服务，依托云平台加快推动量子计算算法研究、应用探索和产业生态建设已成为业界共识。

量子计算云平台将量子计算与经典云服务融合，通过云端提供量子计算资源，有望成为服务量子计算用户的主要形式。根据量子计算云平台的技术特性和发展现状，本书提出量子计算云平台的功能架构参考模型，如图2-13所示，可划分为接入门户、应用服务、平台服务、基础设施服务、资源管理、虚拟资源、物理资源（量子物理资源、经典物理资源）、外围基础设施、运营管理、安全保障等功能模块。

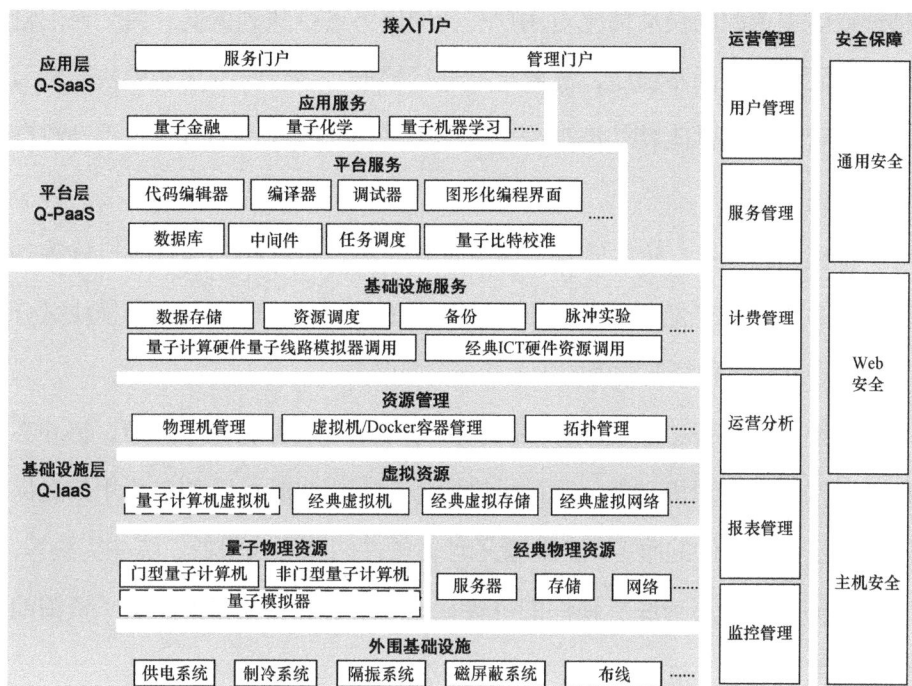

来源：中国信息通信研究院

图 2-13　量子计算云平台功能架构参考模型

接入门户和应用服务功能模块组成量子计算云平台的应用层。接入门户功能模块是为用户或管理人员提供云平台的操作界面，又可以细分为服务门户和管理门户两个子功能模块。服务门户功能模块主要面向用户开放，向用户提供账号注册、登录、注销、订购 / 取消服务等功能；管理门户功能模块主要面向管理运维人员开放，提供服务和服务目录的新建、修改、删除等功能，同时提供用户信息、报表、日志等的查询功能。

平台服务功能模块对应量子计算云平台的平台层。平台服务功能模块主要提供图形化 / 代码编程开发、程序编译、程序调试、任务调度、量子比特校准等功能，同时也提供数据库、中间件等必要的经典云平台功能。用户通过开发平台进行程序开发和运行，任务调度模块根据用户已订购的物理或虚拟资源的负荷情况对用户提交的任务进行队列调度。由于目前量子计算硬件性能尚不稳定，需要定期进行校准，平台服务功能模块还应为用户或管理员提供比特校准功能，校准可采用在线或离线方式，手动或自动形式完成。

基础设施服务、资源管理、虚拟资源、物理资源和外围基础设施等功能模块共同组成了量子计算云平台的基础设施层。物理资源功能模块又分为量子物理资源和经典物理资源两个子功能模块。

基础设施服务功能模块主要提供数据存储、资源调度、备份、脉冲实验、硬件资源调用等功能。基础设施服务功能模块既可以独立为用户提供基于量子计算硬件的服务，例如量子计算硬件的调用或租赁、脉冲实验等，也可以实现平台层与底层硬件的桥接，例如用户任务在经典和量子资源池中的调度等。

资源管理功能模块主要提供物理机管理、虚拟机 /Docker 容器管理和拓扑管理等功能。资源管理功能模块为管理员提供资源的新增、统一纳管、信息修改、虚拟化 / 容器化、删除等全生命周期管理功能。

虚拟资源功能模块主要提供量子计算虚拟机、经典虚拟机等。物理资源功能模块主要提供量子计算机硬件（包括门型量子计算机和非门型量子计算机）、量子模拟器、经典服务器、经典存储设备、经典网络设备等硬件。

外围基础设施功能模块主要由供电系统、制冷系统、隔振系统、磁屏蔽系统、布线等外围保障系统组成，为量子计算硬件正常运行提供支撑保障。

运营管理功能模块主要提供用户管理、服务管理、计费管理、运营分析、报表管理和监测管理等功能。

安全保障功能模块主要提供通用安全、Web 安全和主机安全等功能。其中，通用安全功能模块主要提供用户认证、授权管理、信息安全、数据安全、业务逻辑、API 安全、日志留存和业务系统加固等功能。Web 安全功能模块主要提供垂直越权漏洞防护、跨站脚本攻击防护、结构化查询语言（SQL）注入漏洞防护、平行越权漏洞防护、跨站请求伪造漏洞防护等功能。主机安全功能模块主要提供量子计算机安全、经典服务器安全、网络安全和虚拟化环境安全等功能。

量子计算云平台具有网络连接、资源共享、弹性且按需服务、服务可测量等特点。按照云平台服务提供资源所在的层次，可将其分为量子基础设施即服务（Q-IaaS）、量子平台即服务（Q-PaaS）和量子软件即服务（Q-SaaS）3 类，量子计算云平台的三大服务模式如图 2-14 所示。

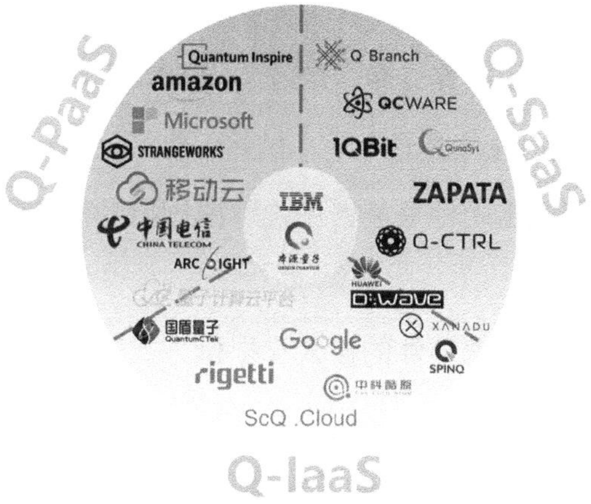

来源：中国信息通信研究院

图 2-14 量子计算云平台的三大服务模式

Q-IaaS 将量子计算机硬件及其配套设施作为服务在量子计算云平台上供用户使用。用户可调用云平台上的硬件（量子计算机、量子计算模拟器、经典服务器、存储器等），而无须对其进行维护，实现低成本的开发应用。

Q-PaaS 将量子计算相关基础设施和中间件组成的开发平台作为服务在云平台上提供给用户。用户可基于量子计算软件开发平台开发量子编程框架和量子算法库，并通过云服务器连接至不同的量子计算硬件以执行计算任务。

Q-SaaS 根据特定的行业应用场景和应用需求，将打包好的应用服务方案作为服务，在量子计算云平台上提供给用户。用户可以直接利用量子算力来解决特定领域的实际计算问题，无须全面掌握量子软硬件知识和量子算法等编程技能。

近年来，亚马逊、微软、Strangeworks 等量子计算云服务商逐步探索 Q-PaaS 服务模式，提供统一的接入方式和开发平台，以便调用多公司的量子计算硬件后端。国内大部分云平台介于 Q-IaaS 和 Q-PaaS 之间，可提供基本的量子硬件接入和初级的量子电路编辑、运行等功能，部分平台可提供相对完整的开发环境和算法库。此外，以 IBM、本源量子为代表的量子计算云提供商建立全栈式量子计算云服务，覆盖范围从上层应用软件到中间开发平台，再到底层硬件后端，用户可根据自身需求完成量子计算的研究与开发。

量子计算云平台后端硬件的接入和提供方式也有不同的模式。一类是云平台供应商自身具备量子计算硬件研发能力，将自研的量子计算机或基于经典算力的量子线路模拟器置于云端，典型企业包括 IonQ、Xanadu、Rigetti、本源量子等。另一类是云平台企业凭借其云计算技术与资源，使其云平台可接入其他公司的硬件或软件，典型企业包括微软、亚马逊、Strangeworks 等。此外，部分云平台在接入自研硬件的同时，也支持其他公司硬件资源的调用，例如 IBM 量子计算云平台除自研的超导量子计算芯片外，还可调用 AQT、IonQ 等公司的硬件资源。

量子计算云平台已成为量子计算科普教育、算法开发和应用探索的主要平台。未来，随着量子计算软硬件的成熟与云平台功能的健全，量子计算云平台会催生更多的应用与服务模式，与经典云计算平台相辅相成，带动量子算力与各行业深度融合，赋能千行百业，助力国家数字经济高质量发展。

2.4　量子通信

2.4.1　量子通信技术概述

量子通信是一种利用微观粒子的量子态或量子纠缠效应等进行密钥或信息传递的新型通信方式，它基于量子力学中的不确定性、测量坍缩和不可克隆三大原理为其提供安全性保证。任何对量子通信系统的窃听行为都将导致所传输的密钥或信息发生变化并被通信双方感知，从而在理论上保证所传递的密钥或信息的绝对安全性。

狭义的量子通信主要分为量子隐形传态（QT）和量子密钥分发（QKD）两类。量子隐形传态基于通信双方的纠缠分发、贝尔态测量和幺正变换实现信息的直接传输，其中量子态信息的传输仍需借助传统通信方式才能完成。通过量子隐形传态构建量子信息网络（QIN），可以实现量子态信息在处理系统和节点之间的传输。量子密钥分发通过量子态的传输和测量，首先在收发双方之间实现无法被窃听的安全密钥共享，之后再与传统保密通信技术相结合，实现经典信息的加密、解密和安全传输。基于量子密钥分发的保密通信被称为量子保密通信（QSC）。

广义的量子通信技术还包括量子安全直接通信（QSDC）、量子秘密共享（QSS）、量子数字签名（QDS）等。但上述技术方案成熟度有限，本书中暂不展开讨论。

2.4.2 量子密钥分发

量子密钥分发通过量子态的传输和测量，首先在收发双方之间实现无法被窃听的安全密钥共享。在完成量子密钥传递之后，如果再采用"一次一密"的加密方式，即通信双方均使用与信息等长的一次性、不重复使用的密钥进行逐比特的信息加解密操作，则能在理论上保证加密信息传输的绝对安全。

量子密钥分发包含协议算法、核心器件、系统集成、传输中继和组网架构五大关键技术，如图 2-15 所示。

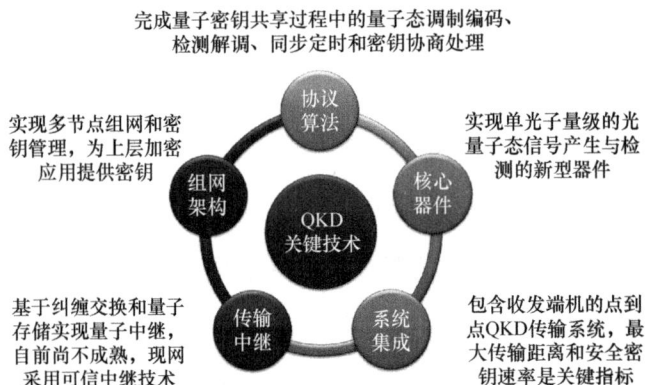

图 2-15　量子密钥分发的五大关键技术

量子密钥分发协议可以分为 3 类：离散变量协议、连续变量协议和纠缠态协议。

离散变量协议基于单光子量子态实现，其中最具有代表性的是首个实用化量子密钥分发 BB84 协议、分布式相位参考协议、相干单向协议，上述 3 种离散变量协议具备较高的安全码率和长距离传输能力。

连续变量协议采用正交相干态作为共轭变量，使用光脉冲序列来表征相干态，其中的两个正交变量按照二维高斯分布进行调制，例如连续变量高斯调制相干态（GMCS）协议。连续变量协议可以采用光通信波长和传统光学器件进行系统搭建，具有探测效率较高的优点。在数十千米的传输距离上，连续变量量子密钥分发具有 Mbit/s 的高速密钥成码能力，有望成为城域量子密钥分发应用的主流技术方案。经过 20 年的发展，连续变量量子密钥分发协议主要聚焦 GG02 协议、No-Switching 协议和离散调制协议3 类，系统架构经历随路本振、本地本振和离散调制数字化系统的三阶段演进，联合窃听、相干窃听和组合安全框架等协议的安全性证明已逐步完备，未来离散调制数字化系统有望成为连续变量量子密钥分发商用化的主流方案之一。

纠缠态协议基于分发光子纠缠对来实现，可以构建对称式的量子密钥分发系统。由于在量子纠缠对制备、分发和存储等方面受到退相干效应和纠缠源质量的局限，纠缠态协议目前仅停留在理论研究和实验探索阶段，距离实用化较远。

在上述量子密钥分发协议中，BB84 协议的实用化程度最高，其在系统设备中应用也最为广泛。下面以 BB84 协议为例，对量子态传输处理和密钥生成算法流程进行简要说明。

BB84 协议由美国 IBM 公司科学家本内特和布拉萨德于 1984 年首次提出，是以离散变量为介质的制备测量式量子密钥分发协议，其量子态传输与算法处理流程如图 2-16 所示。BB84 协议的第一阶段是量子态传输，光子由于物理状态稳定，状态操控简便，并且适合长距离低损耗传输，所以光子成为量子态传输的理想载体。典型的 BB84 协议采用光子的偏振自由度进行量子态信息的编码。

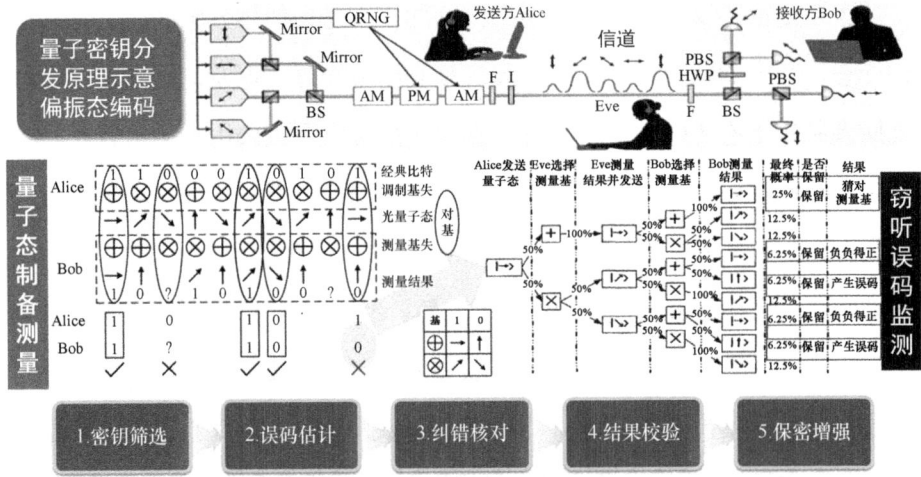

图 2-16　量子密钥分发量子态传输与算法处理流程

发送方 Alice 采用垂直偏振态（0°和 90°）映射量子态|0⟩和|1⟩，斜偏振态（+45°和 −45°）映射量子态|+⟩和|−⟩。激光器输出的光脉冲经过衰减器，降低其平均光子数至 1 以下，获得准单光子脉冲并采用线偏振器和半圆偏振器作为调制器以获得所需的偏振态。通过随机数控制的偏振调制实现光子量子态信息的加载，并采用分束器和幅度调制器进行脉冲强度的诱骗态调制。经过量子信道传输之后，接收方 Bob 通过 4 组偏振滤波器和光子探测器对光子的偏振态信息进行检测，当偏振态调制和偏振滤波器完全对应时，光子通过概率为 100%；完全正交时通过概率为 0；而二者不完全正交时（例如 45°调制和 0°检测），光子通过滤波器并改变偏振态或者被阻断吸收的概率均为 50%。如果量子信道中存在窃听者，其对量子态信号的截取和测量将使其状态坍缩改变，导致量子信道误码率超出告警阈值，从而被收发双方识别和发现，从原理上保证了量子密钥分发的安全性。

在完成量子态信号传输之后，收发双方之间获得了一组随机比特信号，并在授权认证的经典信道中进行第二阶段的算法协议后处理，以获取双方共享密钥。在经典信道中进行的后处理算法协议主要包括 5 个步骤：① 密钥筛选：也称对基，即保留收发双方在同一时隙内使用相同基矢进行调制和测量的结果；② 误码估计：双方在对接后的密钥中随机选择一部分，通过公开信道公布并进行比对测量，以估计误码率，如果超过误码门限，则认为此次传输不安全，抛弃本次传输的所有密钥；③ 纠错核对：即纠正收端密钥比特中的错误，降低量子态传输的误码率，典型的纠错协议包括低密度奇偶校验（LDPC）前向纠错和级联（Cascade）纠错；④ 结果校验：收发双方通过对协商密钥采用特定的哈希函数进行校验，以保证双方拥有相同的密钥；⑤ 保密增强：从部分保密的共享数据中进行提纯，尽量减少窃听者可能获得的信息量的过程，完成保密增强后即可得到双方的共享密钥。在上述 5 个公开的算法协议处理步骤中，收发双方所有的交互信息均需要进行授权认证，以避免中间人攻击和信息篡改。

量子密钥分发系统及其关键器件如图 2-17 所示，其中单光子光源是调制产生量子态信号的载体，量子中继器是在量子信道中对量子态信号进行中继再生的核心，光子探测器是对量子态信号进行检测和解调的前端。而基于经典通信系统实现的协商控制信道则负责完成量子态测量基矢结果比对和密钥分析算法的协商交互，其中，协商控制信道的双向通信需要对收发双方进行身份授权认证和消息哈希校验，并且保证高精度的时间同步控制。

图 2-17 量子密钥分发系统及其关键器件

在光源方面，能够实现单光子受控激发的理想单光子光源目前尚不成熟。其难点在于利用二能级原子的共振来实现单光子发射，而单原子的捕获及囚禁十分困难，并且发光波段无法调谐，很难得到适合 QKD 通信波段的光子。目前，实用化的 QKD 系统光源均为弱相干脉冲激光源，其发光器件可使用商用激光管，结合带触发的激光器、固定分光比的分束器、光衰减器以实现准单光子脉冲输出。QKD 系统对于激光器的光源品质有特殊的要求，需要其消光比高、晃动小、脉冲宽度窄、强度随机可调。通过调节电控制信号和光衰减器对光源输出进行衰减，使其平均光子数等于 1，并集成诱骗态调制以克服多个发射光子可能存在的光子数分离攻击漏洞。

在探测器方面，单光子探测器能够以一定概率将微观的光子转化为宏观的电信号。常用的通信波段单光子探测器主要包括超导纳米线单光子探测器（SNSPD）、雪崩二极管探测器（APD）和上转换探测器。其中，SNSPD 具有最高的探测效率（大于 90%），可以有效提高 QKD 的密钥码率，但是要求绝对零度（−273℃）左右的工作环境，集成化和小型化十分困难。APD 是目前应用较为广泛和成熟的单光子探测器，但其探测效率较低（小于 20%），成为 QKD 系统密钥码率的主要限制因素。上转换探测器利用频率上转换技术将通信波段的光子转化成可见波段的光子，再用可见光单光子探测器探测。2013 年，中国科学技术大学采用周期极化铌酸锂波导结合长波泵浦和高效滤波技术实现了室温下探测效率为 30%、暗计数率为 100Hz 的上转换单光子探测器。

在量子信道方面，空气或光纤中的光量子态传输存在较大的损耗和退相干效应，光子在信道中传输的效率随着传输长度的增加呈现指数衰减，导致其传输距离受限。在光纤中，光量子态的单跨段传输距离的理论极限不超过 500 千米。实现真正意义上的长距离 QKD 传输需要解决将量子态在光纤信道中的传输效率从指数衰减变为多项式衰减的问题。

目前，QKD 系统在国内外已经实现商用，制备测量式 QKD 是商用化 QKD 系统的主要技术方案。制备测量式 QKD 的密钥成码率与传输效率相关，这使得突破单跨段 500 千米的光纤传输距离极限变得困难。此外，QKD 接收端探测器的不理想特性可能引入侧信道安全漏洞，成为系统现实安全性的风险点。

2018 年提出的双光场（TF）协议采用两端制备 – 中心测量式架构，可以消除探测器引入的侧信道安全漏洞，同时使理论成码率与传输效率的平方根相关，突破量子信道容量的 PLOB 界限。模式匹配（MP）QKD 结合了测量设备无关（MDI）QKD 和 TF-QKD 的优点，即可以将更多的探测事件用于成码，大幅度提高了成码率，不需要复杂的激光器锁频锁相技术，节省成本且降低了实际应用难度，对环境噪声有更好的抗干扰能力。近年来，随着发送或不发送（SNS）、双向交互通信（TWCC）和主动奇偶校验等协议和方案的改进，TF-QKD 和 MP-QKD 已经成为业界公认的下一代远距离、高安全性 QKD 技术方案，也是提升系统极限传输能力的研究热点，代表性 QKD 实验系统传输距离提升趋势见表 2–5。

表 2–5 代表性 QKD 实验系统传输距离提升趋势

协议	类型	距离/损耗	密钥成码率	时间	机构
BB84	实验室	421 km	6.5 bit/s	2018年	日内瓦大学
TF	实验室	90.8 dB	0.045 bit/s	2019年	东芝欧研
TF	实验室	502 km	0.118 bit/s	2020年	中国科学技术大学
TF	实验室	509 km	0.269 bit/s	2020年	中国科学技术大学
TF	实验室	605 km	0.97 bit/s	2021年	东芝欧研
TF	现网	511 km	3.45 bit/s	2021年	中国科学技术大学
TF	实验室	658 km	0.092 bit/s	2022年	中国科学技术大学
TF	实验室	830 km	0.014 bit/s	2022年	中国科学技术大学
MP	实验室	508 km	42.64 bit/s	2023年	北京量子院
TF	实验室	615km	0.32 bit/s	2023年	北京量子院

续表

协议	类型	距离/损耗	密钥成码率	时间	机构
TF	实验室	1002 km 499 km	0.0034 bit/s 47.9 bit/s	2023年	中国科学技术大学
TF	实验室	502km	9.67 bit/s	2024年	中国科学技术大学

来源：中国信息通信研究院（截至2024年6月）

上述各类 QKD 协议在理论层面均具备信息论安全性证明，但在实际系统中，由于器件不理想，可能存在侧信道安全漏洞，即便是测量设备无关类 QKD，也存在源安全风险。现有的解决方案是对各类 QKD 系统安全漏洞进行充分的攻防研究并制定完备的标准测评认证体系，以确保系统现实安全性，但这一方案仍难以完全防范未知安全漏洞和攻击。理想的解决方案是研发基于纠缠协议和无漏洞量子力学基础检测原理的设备无关（DI）QKD 系统，该系统可以完全消除硬件设备侧信道风险，在物理系统中也能达到信息论安全性上限，这也是真正解决 QKD 系统现实安全性问题的有效方案。

2022 年，英国、德国、中国的科研团队分别报道了 DI-QKD 原理验证实验的进展。牛津大学团队通过离子阱系统中相距 2m 的锶离子量子位之间的纠缠存储，构建了基于 E91 协议的 DI-QKD 系统，实现了 3.32bit/s 的密钥生成速率。慕尼黑大学团队在相距 400m 的铷原子光学阱之间建立预报式纠缠，实现纠缠保真度大于 0.89 和误码率 0.078 的 DI-QKD，推算出每对纠缠可产生 0.07bit 密钥。中国科学技术大学团队通过后选择基矢和添加噪声方案，降低了系统探测效率要求，通过 220m 光纤进行了纠缠测量与密钥分发，未来有望实现上百比特每秒的成码率。上述原理实验验证了使用"黑盒"不受信设备基于 DI-QKD 协议产生安全密钥的可能性，但在纠缠制备、检测能力、传输距离和密钥速率等方面，均远未达到实用化水平，上述实验虽具有科研意义，但尚无应用前景。

在组网方面，QKD 的城域组网通常采用光分束器、光开关或者波分复用器等被动光路控制器件，实现量子信道交换和组网。如图 2-18（a）所示。

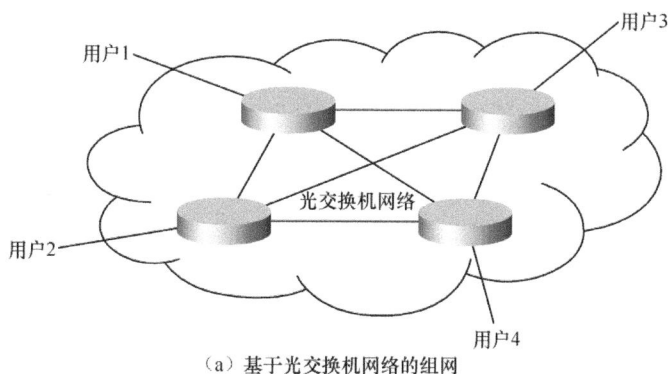

（a）基于光交换机网络的组网

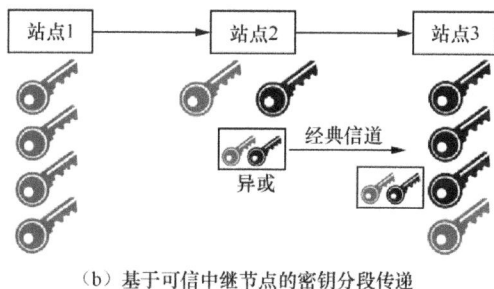

（b）基于可信中继节点的密钥分段传递

图 2-18 量子密钥分发组网中继方案

分束器 QKD 网络是最早提出的量子密钥分配网络，它用一个 $1 \times N$ 的分束器将所有用户连接起来。在这个网络中，其中一个用户为发射者，其他用户为接收者。当发射者发出的光子到达分束器之后，会随机地从其中一个端口射出，并被某个接收者探测到，相当于接收者和发射者之间建立起了一对一的联系，然后他们就可以利用 BB84 方案来实现完整的密钥分配。基于光交换机网络的组网从拓扑结构上看，属于星形网络，也可以把几个分束器串联起来构成总线型网络。光开关 QKD 网络利用光开关实现多用户的路由和组网，每个节点需要根据其连通节点的数量配置相应的光开关。这种网络同样受到插入损耗和串扰的影响。光开关网络的最大优点是效率高，每两个用户可以独享一条光纤链路，因此通信距离和速率几乎和点对点系统一样。通过切换光开关的状态，一条光纤能够服务于多个用户，减少光纤需求。升级扩容只需通过增加光交换机就可以实现，对原网络的改动很小，同时具有灵活性和可靠性，因此，光开关 QKD 网络在 QKD 网络中应用较多。

由于量子中继技术尚不成熟，目前 QKD 系统长距离传输组网只能依靠可信中继技术。基于可信中继节点的密钥分段传递如图 2-18（b）所示。站点 1 和 3 之间有安全可信的中继站点 2（也可以为多级中继站点，原理相同），其中相邻站点之间通过 QKD 信道进行点到点的量子态传输和量子密钥共享。可信中继站点在获取上下游的两组共享密钥比特之后，对其进行异或处理，并通过经典信道向下游传递，最终接收站点对自己所有的密钥比特与可信中继站点传递过来的异或码再次进行异或处理，即可还原出与发端站点共享的密钥比特信息，从而实现了量子密钥的端到端共享。

可信中继 QKD 网络由一系列以逐跳方式传递密钥的相互连接的 QKD 节点组成，网络拓扑可以是星形网络或网格形网络。在可信中继 QKD 网络中，只在由一条路径直接相连的 2 个可信节点之间进行密钥共享，这与前面采用光开关进行量子信道交换的组网方式不同。可信中继组网可以打破量子密钥分发传输距离的局限，通过增加可信节点数量实现长距离的量子保密通信网络组网应用。然而，可信中继方式有明显的安全隐患，中间站点存储了经典密钥信息，一旦被窃听者控制，则收发双方之间的密钥和加密信息将面临风险。可信中继传输在现实条件下通常将中继节点设备置于具有高安全等级保证的机房中，并配置相应的安全防护措施。

QKD 系统完成了点到点的量子密钥共享，而信息的安全传输还需要与传统保密通信系统相结合，借助对称加密体制对明文信息进行加解密处理才能够完成。基于 QKD 的量子保密通信系统典型网络架构包含 QKD 密钥传输层、密钥管理层和应用加密层。QKD 密钥传输层负责 QKD 链路生成和量子态信号检测，实现授信节点之间的安全密钥共享。密钥管理层的密钥管理代理（KMA）对接收密钥进行提取、存储和重构，获取密钥速率和误码率，上传至密钥管理服务器（KMS），更新管理全网密钥。应用加密层使用量子密钥结合传统加密算法，为多种业务提供实时接入的一次性密码（OTP）或高级加密标准（AES）安全加密服务。

QKD 密钥传输层是构建在安全可信节点之上的，这些节点之间通过现有的光纤网络进行信息传输，通常其传输距离不会超过 100km。在相邻的节点之间，可以保持以数十千比特每秒的速度连续传输密钥。各个节点的密钥信息会被 KMA 提取、存储并在密钥管理层中进行重构。同时，KMA 还负责监测 QKD 的安全码率和信道的误码率，以及节点密钥信息的更新与重用。此外，位于密钥管理层的 KMS 会依据 KMA 提供的节点密钥信息，对整个 QKD 保密通信网络的密钥进行全面管理与控制，从而实现任意节点之间的密钥中继与传输。在应用加密层，利用各节点之间共享的量子密钥，同时结合传统加密算法，为接入的各种业务类型提供一次性密码（OTP）加密的安全传输保障。用户无须深入了解 QKD 密钥传输和密钥管理的细节，只需要根据业务需求接入 QKD 网络的应用加密层节点，便可实时获取并存储由 KMS 提供的加密密钥信息，从而实现信息的安全加密。

QKD 密钥管理层是物理层和上层加密应用之间的中间层。密钥分发过程采用对称模式而非主从模式，密钥管理的各个节点均需要对各自涉及的密钥预定和分配进行协商与验证。QKD 协议生成了一个安全密钥比特池，密钥管理层的功能是对这些密钥比特进行解复用，构成独立有序的密钥原语分组，这些密钥原语分组可以被上层的加密应用以端到端对称同步的方式独立调用。一旦密钥原语被加密应用层使用，则需要密钥管理层对其进行安全销毁。密钥管理层接口描述了上层加密应用与本层接口（北向接口）。本书假设加密应用能够通过下文中规范的应用程序接口（API）调用密钥管理层的服务，并且二者的交互过程处于 QKD 系统的安全性要求范畴之内。QKD 设备供应商提供密钥管理层和规范的 API，也可以提供其他额外 API 和扩展功能。

2.4.3　量子隐形传态和量子信息网络

量子隐形传态也称为量子远程传态，是依靠经典通信辅助，利用量子纠缠态的测量将量子态信息在通信双方进行传输的通信技术。需要说明的是，量子隐形传态不传输任何介质或能量，仅实现量子态信息的传递，同时，因为量子隐形传态的量子态改变和测量还依赖经典通信系统的辅助，所以量子隐形传态是超光速传输的说法并不成立。

量子隐形传态包括信道建立、信息调制和信息解调 3 个主要步骤。首先，在信道建立过程中，通信一方或者第三方制备纠缠光子对 A 和 B，通过量子信道将纠缠光子分别发送给收发双方。然后，进行信息调制，发送方对需要传送的光子 X 和 A 进行联合贝尔态测量，导致 X 量子态坍塌，A 也会发生变化。因为 A 和 B 互相纠缠，A 的变化会影响 B，此时接收方无法感知 B 的变化。最后，在信息解调环节中，发送方通过经典信道将贝尔态测量结果告诉接收方，接收方据此对光子 B 做幺正变换处理，使 B 具备和 X 完全相同的量子态，完成光子 X 物理状态信息的传输。以纠缠光子对为代表的双光子系统包含 4 个贝尔态，量子纠缠可以表示为 4 个贝尔态的线性组合。对于偏振编码的纠缠光子对，发送方通过偏振分束器和单光子探测器进行贝尔态联合测量，以检测双光子系统坍缩到了哪一个贝尔基态。接收方采用相对应的偏振检测操作，即可实现接收量子态的幺正变换和量子态传输。

20 世纪上半叶，量子力学理论的创立和发展，以及量子叠加、量子纠缠和非定域性等概念的提出和讨论，为量子通信奠定了理论基础。自 1982 年首次观测到量子纠缠现象以来，量子通信技术迅速发展。1997 年，首个室内自由空间量子通信实验完成。2012 年，有团队实现了 143km 的自由空间量子通信。日本 NTT 公司在 2015 年使用超低损光纤实现 102km 量子通信。2021 年，美国芝加哥大学实现 91.1% 保真度的量子比特节点间的确定性纠缠分发；德国马克斯·普朗克研究所实现 60m 距离的 6 位量子态传输，其保真度为 88.3%。在中国，自 2005 年起，多个单位在北京等地进行了自由空间量子通信实验，包括 2015 年自由空间双自由度量子通信实验、2016 年 30km 城域光纤量子通信传输、2017 年 1400km 星地量子通信传输等。2019 年，南京大学实现无人机与地面接收站间 200m 距离的量子纠缠分发与测量。2021 年，中国科学技术大学实现 6 光子系统三维量子隐形传态，其保真度为 59.6%。当前，各种量子通信实验报道主要集中在验证原理的可行性和观察实验现象上，与量子通信技术的实际应用和长距离通信仍存在一段距离。

量子信息网络通过量子隐形传态实现量子态信息在节点之间的传输，从而形成多个量子信息处理模块的互联互通。对于量子计算模块而言，由于量子态的叠加特性，实现 n 位量子态信息的互联，可以使其表征的状态空间和相应的状态演化处理能力得到 2^n 倍提升，扩展了量子计算处理能力。对于量子精密测量模块而言，在多参数的全局变量测量条件下，基于纠缠互联形成的量子传感器网络，可以提升测量精度，突破标准量子极限，在量子时钟同步网络和量子精密成像设备组网等方面获得应用。此外，实现广域端到端量子态确定性传输，也将为提升安全通信能力、发掘新型复杂网络组网协议方案等提供新的解决办法。

量子信息网络是集量子态信息传输、转换、中继和处理等功能于一体的综合形态，被认为是量子通信技术发展的远期目标。根据关键使能技术需求和预期应用场景，量子信息网络技术发展和组网应用大致可分为量子加密网络、量子存储网络和量子计算网络 3 个阶段。

量子加密网络被认为是量子信息网络的初级阶段，基于量子叠加态或纠缠态的概率性制备与测量，可以实现密钥分发、安全识别和位置验证等加密功能，典型应用是已进入实用化的 QKD 网络。我国在量子通信领域的研究和应用探索目前侧重于量子加密网络层面。此外，由于量子存储中继技术尚未实用化，QKD 远距离传输和组网依靠密钥落地逐段中继的"可信中继"方案。

量子存储网络是量子信息网络下一阶段研究和应用探索关注的重点，将具备确定性纠缠分发、量子态存储和纠缠中继等功能，可支持盲量子计算、量子时频同步组网和量子计量基线扩展等新型应用。量子存储网络是未来量子通信研究和应用探索关注的重要方向，国外已开始在基础组件、系统集成、组网实验和协议开发等方面进行布局研讨与推动。

量子计算网络是量子信息网络各项关键技术成熟融合之后的高级阶段，包含可容错和纠错的通用量子计算处理和大规模量子纠缠组网等功能，可用于分布式量子计算，提升量子态信息处理能力，以及实现量子纠缠协议组网等应用场景。需要说明的是，对于量子计算网络终极形态中可能诞生的潜在应用和引发的技术变革，当前阶段无法对其进行全面预测分析，但其中所蕴含的想象空间很大。

量子信息网络是通过量子纠缠信道进行量子态传输的新型网络，与经典信息网络在基础物理资源，信息传输和承载物理信道，信号状态的调控、转换、存储与中继方案，组网设备和连接对象，网络协议架构，组网的发展目标和应用演进发展趋势等各方面都存在较大差异。本书尝试从上述各方面对量子信息网络和经典信息网络的相关特性进行初步梳理与对比，如图 2-19 所示。可以看出，量子信息网络的关键使能技术、核心组网控制机理、基础使能组件和架构接口协议等问题尚处于研究和讨论的初步阶段，其研究和应用探索刚刚起步，短期内并不具有大规模部署和落地应用前景。

序号	特性	量子信息网络	经典信息网络
1	物理资源	以光子、电子、冷原子等微观粒子系统承载的未知量子态（Qubit）	以电流、电压、电磁场、光波等宏观物理量表征的确定性信号
2	传输方式	基于纠缠分发和测量等实现量子态传输（目前为后验概率性实验验证）	电信号、光信号、微波信号等的调制发射、信道传输和解调接收
3	传输介质	光纤、自由空间等（损耗和退相干等待研究）	光纤、电缆、自由空间等
4	调控转换	基于激光、微波等实现量子态操控测量，不同量子体系之间的量子态转换（转换待研究）	基于受激辐射、频率变换、光电效应等机理实现电、微波与光信号之间的调控与转换
5	中继方案	基于量子态存储和纠缠交换的量子中继（实用化量子存储技术尚未突破）	电信号再生、微波信号中继、光信号放大等
6	连接对象	量子计算机、量子传感器等量子态信息处理终端（量子计算机物理平台技术路线未收敛，不同领域的量子传感器存在多种量子体系）	计算机、智能终端、传感器、服务器等经典信息处理网元或终端
7	组网设备	量子纠缠源、量子态转换器、量子中继器等（理论研究与实验探索，距离实用化尚远）	路由器、中继器、交换机、光交叉设备等
8	协议架构	物理链路层实现纠缠分发，网络层实现纠缠组网等（架构、接口、协议等有待研究）	HTTP、SNMP、TCP/IP、UDP、Ethernet等
9	目标愿景	实现量子态互联和处理能力的提升	实现网络价值与连接用户数的平方率提升
10	应用演进	提升通信安全性，实现分布式量子计算，网络化量子测量等（远期应用尚难预测）	多用户、高速率、广覆盖、低时延、灵活组网、确定性传输等

来源：中国信息通信研究院

图 2-19 量子信息网络与经典信息网络特性对比

量子信息网络物理层的核心基础组件从功能模型角度，大致可分为量子光源、量子态探测器、量子态转换器、量子态存储器和量子态信息处理器。

量子光源是量子信息网络的基础源头模块，其稳定性、可靠性直接关系到相关实验的质量乃至成败。量子信息网络中所涉及的量子光源主要包括单光子源、纠缠光源。单光子源是指在同一时刻有且仅有一个光子产生的光源。高效率、高品质、确定性的单光子源是实现光量子计算和量子安全通信的重要前提。现阶段，常见的单光子源产生方式主要有两大类：确定性单光子源和预报式单光子源。纠缠光源是提供基础物理信道资源的关键使能器件，可以实现高品质确定性量子纠缠制备分发和高维量子纠缠态操控。目前，制备纠缠光源的方法主要有 3 种：一是基于非线性晶体利用自发参量下转换（SPDC）技术进行制备；二是基于原子系综或硅基材料的四波混频（FWM）效应进行制备；三是基于量子点（低温环境下制备）、氮空位色心（常温环境下制备）等半导体材料的光激子过程进行制备。与单光子源类似，前两种制备方法为预报式纠缠源，第三种制备方法为确定性纠缠源。

量子态探测器具备单光子量级的信号探测能力，并支持贝尔态联合测量，从而实现量子叠加态和纠缠态检测。目前，常见的单光子探测器包括基于传统光电效应的光电倍增管、雪崩光电二极管、基于超导材料的超导纳米线单光子探测器、超导转变边沿单光子探测器等。

量子态转换器用于实现信道中的"飞行量子比特"与存储器和处理器中的物质量子比特之间的量子态读写转换，这可能涉及多种不同类型（如光子、电子和原子等）、不同能级（如微波、可见光和电信波段等）和不同编码自由度（如偏振、相位和时间等）量子比特之间的相互转换。量子态转换接口根据功能实现的不同可分为多种类型，其中，量子频率转换器是构建量子信息网络最重要的转换接口。根据实现原理的不同，量子频率转换器大致可分为两类：一类是微波模式和光学模式通过直接耦合完成微波光子到光学光子的转换，如电光频率转换器；另一类是借助辅助系统实现微波光子到光学光子的间接转换，根据辅助模式的不同，可分为电光机械转换、磁光转换、原子辅助转换。

量子态存储器包含多种可能的物理实现方案（如气态冷原子系综、固态囚禁离子和金刚石色心及全光子簇态等），可实现网络中继节点或处理节点中的量子态接收和存储。各种方案的量子存储技术目前均处于实验研究阶段，在存储深度、带宽、时间和读取效率等方面难以满足实用化要求。量子态存储器的存储时间、存储效率等关键指标依赖于存储介质和存储协议的选取。用于实现量子态存储的物理系统一般具有较理想的分立能级结构，如单原子、原子系综、金刚石色心、稀土离子、离子阱、固态缺陷体系等，所采用的存储协议包括电磁感应透明协议、DLCZ 协议、原子频率梳协议、光子回波协议等。

量子态信息处理器广义上包含量子计算机和量子传感器等终端处理节点，网络层面主要是指具备纠缠纯化和纠缠交换功能的量子中继器。量子态信息处理器的突破和实用化与量子计算和量子精密测量领域的发展与演进关系紧密。

量子信息网络的核心基础组件处于研究探索阶段，近年来国内外相关研究和实验取得一些初步进展。

在量子纠缠资源的高效制备和分发方面，当前技术方案在纠缠产生率和保真度等核心指标方面仍有很大的提升空间，同时扩展高维量子纠缠操控能力也是未来提升量子信息网络组网能力的重要方向。

德国马克斯·普朗克研究所成功制备多光子纠缠态，完成保真度为 76%

的 14 光子 GHZ 态、保真度为 56% 的 12 光子簇态，以及基于自由电子腔的电子 - 光子纠缠对制备。北京大学利用硅基芯片拓扑相位纠缠光源，实现 4 种拓扑纠缠态，其保真度达 0.968。奥地利因斯布鲁克大学实现远距离钙离子纠缠，其保真度达 0.882。南京大学在硅基光量子芯片上实现四光子 Dicke 态制备及高精度调控，其保真度达 0.817 ± 0.003。中国科学技术大学成功制备 51 个超导量子比特纠缠态，其保真度达 0.637 ± 0.030。

在量子存储中继方面，目前仍处于开放性研究探索阶段，实用化前景不明朗。2021 年，瑞士日内瓦大学在稀土晶体中实现高违背切比雪夫不等式的光子存储，有望作为固态量子存储中继器。西班牙光子科学研究所则展示了对稀土晶体固态存储器进行的预报式纠缠分发过程。中国科学技术大学利用吸收型固态存储器和光频梳方案，实现了高效纠缠分发，同时报告了长达 1 小时的存储时间和 96.4% 的保真度；提出了无噪声光子回波方案以提高保真度。清华大学还展示了按需交换纠缠扩展性实验。2022 年，加州理工大学和日内瓦大学分别在镱离子和铕离子掺杂晶体中实现高保真量子存储。中国科学技术大学在铕离子掺杂晶体中实现光集成化光量子偏振态存储，其保真度达 0.994。2023 年，牛津大学展示了基于离子阱的高稳定性量子存储器；电子科技大学等团队则在掺铒铌酸锂波导芯片上实现了集成多模光量子存储。

在量子中继方面，主要分为含存储量子中继和全光量子中继两类方案，其中含存储量子中继是当前主流发展方向，实验进展成果丰富。美国普林斯顿大学报道使用掺铒的钨酸钙晶体用于固态量子中继器的研发。奥地利因斯布鲁克大学报道利用两个钙离子作为量子存储器的量子中继实验，实现全光量子中继，不需要量子存储器。美国得克萨斯大学报道基于测量的容错单向全光量子中继方案，简化了全光中继的局部操作。中国科学技术大学提出可容错单向光量子中继方案，实现整体保真度大于 64%。南京大学报道提出并验证了用于实现远距离多粒子纠缠分发的全光量子中继协议。

在量子态转换方面，由于涉及多种类型、不同能级和编码自由度的量子比特之间的相互转换，该领域目前仍处于开放探索阶段。德国马克斯·普朗克研究所报道了在充氪气空芯光纤中实现可控单光子频率上转换。中国科学技术大学实现单光子时间模式和里德堡原子系综态的纠缠转换，其保真度达 87.8%。西班牙光子科学研究所利用掺镨离子晶体激光刻蚀波导与光纤及探测器集成，减少了纠缠存储时间，提升了读写效率。美国芝加哥大学、中国清华大学和奥地利科学技术研究所均实现了微波光子－光学光子之间的纠缠与转换，对量子计算和传感器组网有重要意义。中国科学技术大学联合团队实现电信波段和近可见光波段的光子频率转换，其内部转换效率可达 73%。

量子信息网络的核心基础组件研究目前仍处于开放式探索阶段，解决方案和技术路线尚未收敛，控制性因素在短期内获得重大突破并达到实用化水平的可能性较小。

在量子信息网络核心基础组件研发的基础上，网元设备系统化集成和组网传输技术验证也开始进行初步布局和探索。在系统化集成方面，主要借鉴经典信息网络的解决方案和成熟经验，将网络基础设施中的超低损耗光纤、光路交换开关和复用／解复用器等辅助性组件，与前述的核心组件进行波长带宽规划和光学接口规范等方面的系统化集成和软件定义化管控。由于核心基础组件尚未实现技术方案定型和实用化突破，目前所提出的系统化集成仍是初级阶段的框架性和总体性概念，具体实现方式仍需要长期发展演进。预计在基础组件获得突破之后，系统集成和管控等方面的成熟方案和经验可以较快地被复用和移植。

在组网传输技术验证方面，国外研究机构计划和部署开展包含初步量子存储中继功能的多节点和中长距离组网传输试验网的技术验证和应用场景探索，同时推动网络架构、堆栈和协议等方面的探讨。2021 年，美国加州理工学院、费米实验室和 AT&T 联合团队报道了建立量子网络原型实验床，基于 1536.5nm，保真度大于 90% 的光子纠缠源结合全光纤耦合组件进行时间位置编码，实现了 44km 量子隐形传态实验，系统频率为 90MHz，隐形传态速率达赫兹量级。荷兰代尔夫特理工大学报道了基于金刚石色心量子比特的三节点 GHZ 态量子纠缠网络组网，具备确定性纠缠产生和前馈式纠缠操作特性，预报纠缠交换效率达每 40 秒 1 次。美国橡树岭国家实验室、斯坦福大学和普渡大学联合团队报道了三节点量子纠缠局域网原型实验，演示了动态重构通道的光子偏振纠缠资源灵活分发和远程状态制备，各节点纠缠保真度大于 92%。2022 年荷兰代尔夫特理工大学报道了在金刚石色心三节点线路中，基于节点之间的纠缠存储时间减少、读取效率提升，首次实现跨节点量子隐形传态，其效率为约每 117 秒 1 次，保真度为 70.2%。德国马克斯·普朗克研究所报道了在 33km 光纤线路中的远程量子节点之间的纠缠分发实验，而中国科学技术大学报道了在 20.5km 现网光纤线路中的量子存储器纠缠传输实验，其保真度达到 90%。中国科学院国家授时中心报道了 50km 光纤线路中的双向量子时钟同步应用探索实验，长期同步稳定度达到飞秒量级，美国阿贡国家实验室宣布基于伊利诺伊州快速量子网络平台开展类似实验。目前，组网传输技术验证仍处于布局起步阶段，主要是针对现阶段可用的初级基础组件原理样机开展验证，并为基础组件研究提供引导、助力和检验。未来将在系统架构、协议接口、配置方案和互联互通等方面开展研究、验证和相关标准化工作。

近年来，欧美研究机构和行业组织等通过合作项目、组网实验和平台建设等多种方式，加快推动技术试验与测试验证，欧美地区量子信息网络项目、测试平台和组网实验列表见表 2-6。

表 2-6　欧美地区量子信息网络项目、测试平台和组网实验列表

地区/国家	研究/行业机构	量子信息网络项目规划/测试平台/组网实验	
	量子互联网联盟	项目规划	量子互联网"七年计划"
	欧盟资助		LaiQa项目
西班牙	马德里先进材料研究所等		MADQuantum-CM项目
荷兰	代尔夫特理工大学	组网实验	三节点量子信息网络
英国	布里斯托大学		六用户量子信息网络
美国	国家标准及技术协会	测试平台	NG-QNet项目
	EPB & Qubitekk		EPB 量子网络服务
	Qunnect		GothamQ网络测试床
	Qunnect&纽约大学	组网实验	16km量子网络链路实验
	林肯实验室		50km三节点量子信息网络实验
加拿大	卡尔加里大学等	组网实验	基于卫星中继的量子信息网络组网实验
加拿大+欧洲	滑铁卢大学等	组网项目	HyperSpace量子卫星项目

来源：中国信息通信研究院（截至2024年6月）

欧盟多国在"地平线欧洲计划"和"量子旗舰计划"等项目的支持下，加大量子信息网络的研发投入力度，通过建立合作项目、组织应用竞赛和支持创业企业等多种形式，加快推动量子信息网络组网实验与应用探索。2023 年，多家欧洲机构联合启动 LaiQa 项目，以构建全球量子互联网为目标，开发 3 种不同的光子源、实用化量子存储器，以及连接卫星和地面站的先进光纤耦合／自适应光学系统等组件。欧洲量子互联网联盟（QIA）启动量子互联网"七年计划"，计划投入 2400 万欧元开发欧洲首个大规模量子互联网。2023 年 9 月，QIA 启动首届"量子互联网应用挑战赛"，鼓励量子爱好者参与量子信息网络应用组网原型设计开发和应用探索。荷兰代

尔夫特理工大学是欧洲量子信息网络研究探索的引领者，率先实现了三节点组网实验，基于纠缠量子信息网络链路层协议进行了实验演示。此外，荷兰代尔夫特理工大学还孵化了 Q*Bird、Qblox、QphoX 等多个初创企业，成为量子信息网络产业化的先驱。英国布里斯托大学报道了一种动态多协议纠缠分发量子信息网络，实现 6 用户之间的量子通信。

美国一直高度重视发展量子信息网络，2020 年发布了《美国量子网络战略构想》，通过搭建测试平台和开展组网实验，为量子信息网络的开发和应用提供基础设施和技术储备，加速应用探索。2023 年，美国能源部宣布拨款 2400 万美元用于量子信息网络研究开发，推动分布式量子计算网络应用探索。美国国家标准及技术协会长期支持量子信息网络基础组件研发和组网测试，构建测试平台"NG-QNet"表征和验证量子信息网络的基础组件功能实现。林肯实验室等联合报道了在波士顿地区构建 50km 三节点量子网络实验，测试量子态信号传输特性和补偿机制。EPB 与 Qubitekk 合作推出美国首个商业量子信息网络平台"EPB 量子网络"。Qunnect 开发了量子信息网络测试平台"GothamQ"，与纽约大学合作测试 16km 量子信息网络链路。滑铁卢大学宣布将与欧洲团队联合开展"HyperSpace"合作项目，旨在实现跨大西洋的量子卫星链路和洲际量子通信组网。加拿大卡尔加里大学和佛罗里达大学合作提出了基于卫星中继的量子信息网络组网方案并完成仿真实验。

总体而言，发展量子信息网络离不开物理组件设备的研发应用。针对当前量子存储、中继等关键器件尚不成熟，网络测试平台短缺的技术局面，未来需要加强核心技术攻关，重点提升关键物理组件的综合性能指标，适时推动实验测试网络平台的构建，促进量子信息网络应用组网的研究探索。

2.5 量子精密测量

2.5.1 量子精密测量技术概述

测量传感技术是现代信息技术的重要组成部分，与通信技术、计算技术构成信息技术产业的三大支柱。如果将计算机比作大脑，将通信网络比作神经，那么传感器就相当于五官，可以获取各方面的原始信息。科技的发展和应用领域的扩展对测量传感技术的要求也日益严苛，例如极弱信号的探测、纳米级/分子级的空间分辨率、超宽的动态范围、芯片级的模块尺寸等，经典的测量传感技术在某些特定场景中难以适用。

量子精密测量是指利用量子特性获得超高精度的传感测量技术，即基于对中性原子、离子、光子等微观粒子系统的调控和观测，提升传感测量的性能。量子体系的状态极易与外界环境相互耦合，从而发生改变，量子计算中为了保护量子比特的状态，延长相干操作的时间需要一系列严苛的外围保障措施，例如接近绝对零度的环境温度等。如果对量子体系的"敏感性"加以利用，可以利用量子体系状态的改变，例如能级跃迁、原子级别相干性等，以更高的灵敏度和精度，实现对外界多种物理量的探测，即探测得更准确。同时，由于量子精密测量的"探针"可以是原子团，甚至是单个原子、离子或光子，探测与测量的空间分辨率可以达到细胞甚至分子的尺度，即探测得更精细。此外，量子精密测量是利用微观粒子的固有性质，例如原子的能级结构和相干性等测量物理量，不需要依靠外部的计量校准和溯源，具有良好的复现性和统一性，即探测得更可靠。

量子精密测量近年来受到广泛关注，也是公认的距离实用化最近的量子科技领域之一。不同的研究领域或不同的应用场景下对这一技术的称呼略有差异。从科研角度，通常将其称作"量子精密测量"（简称"量子测量"）；从样机、产品或装备角度，将其称为"量子传感器""量子测量设备"；从应用角度，这一技术领域被称为"量子感知""量子计量"。根据应用领域进一步细分，量子精密测量还包括用于时间频率基准和同步的"量子时钟（原子钟／离子钟、微波钟／光钟）"、用于重力探测的"量子重力仪（原子重力仪）"、用于磁场检测的"量子磁力仪（原子磁力仪）"、用于惯性定位导航的"量子陀螺仪（原子陀螺仪）""量子加速度计（原子加速度计）"、用于目标识别和成像的"量子雷达"、用于射频场检测或接收的"量子天线（原子天线）"等。它们共同的特点是利用量子力学的原理，通过对测量单元的量子态进行制备、操控和测量，实现对物理量高精度、高灵敏度的探测。本书中以"量子精密测量"代指这一技术和应用领域。

量子传感单元作为实现量子态制备、操控和测量的物理载体，已成为量子精密测量领域的基石。它不仅为科学家提供了一个全新的视角去探究微观世界的奥秘，更在实际应用中展现出巨大的潜力和价值。基于量子传感单元的能级跃迁、相干叠加和量子纠缠等特性进行的物理量探测，已成为量子精密测量技术研究与应用的核心命题。能级跃迁是量子体系中最基本的过程之一，它描述了分立的量子态之间的转变，这种转变伴随着电磁波的吸收或释放。相干叠加则展示了量子态之间的线性组合，它允许一个系统同时处于多个状态，这一特性为量子计算和量子传感带来了前所未有的可能性。量子纠缠揭示了量子世界深层次的关联性，即使是远离彼此的两个粒子，其状态也能以一种超越经典的方式紧密相连。

正是基于这些独特的量子特性，量子传感单元得以实现物理量的超精密探测。不同于经典传感技术的局限性，量子精密测量技术以其极高的灵敏度和精度，为科学研究和技术应用带来了革命性的突破。

　　根据量子传感单元实现的物理媒介和制备操控方式不同，量子传感单元存在冷原子干涉、原子蒸气、金刚石 NV 色心、里德堡原子、量子纠缠、超导量子干涉仪、单光子探测等多种技术路线，如图 2-20 所示。这些技术路线各具特点，面向不同的应用领域和场景。目前，它们正在平行发展，暂时还未出现技术路线之间的明显竞争和融合收敛的趋势。这种多元化的格局不仅丰富了量子精密测量技术的研究内容，也为未来的技术创新和应用拓展提供了更多的可能性。随着量子科技的不断发展，量子精密测量技术将在未来发挥出更加重要的作用，推动人类社会迈向一个全新的时代。

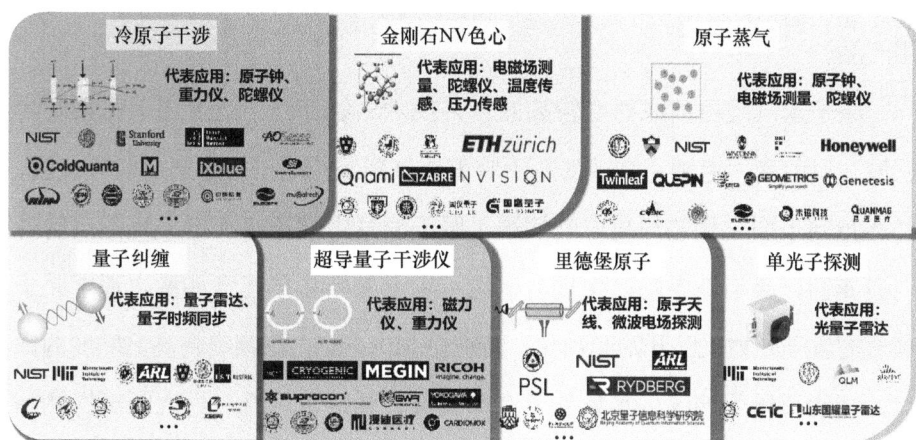

图 2-20　量子精密测量主要技术路线

　　冷原子干涉是一种测量精度较高的量子测量技术路线。利用冷原子相干叠加特性可实现频率、重力、重力梯度、角速度等物理量的精密测量。其主要优势在于测量精度高，相干时间长，但是由于激光冷却操控测量装置较为复杂，冷原子干涉仪集成度不高，体积较大，成本高，主要应用于基础科研、计量基准等对体积、成本、功耗不敏感但对测量精度要求高的领域。国内外公司推出基于冷原子干涉的原子钟、重力仪等产品，尝试在车载、船载、恶劣自然环境中部署，主要面向科研院所、授时机构、地质勘探机构等。

NV 色心是近年来发展起来的新兴测量技术。金刚石 NV 色心是一种特殊的发光点缺陷，由氮原子与其紧邻的碳原子空位组成，可通过光学和微波脉冲对其量子态进行制备、操控、读取。NV 色心对外界磁场十分敏感，室温相干时间可达毫秒级，空间探测分辨率可达纳米级，与待测样品间距可小于 5nm。NV 色心单量子传感器可实现样品表面纳米级精度扫描磁成像，为研究单活体细胞、蛋白质、DNA 等新材料和生命科学领域应用带来全新的测量手段。金刚石 NV 色心量子测量技术初步成熟，初创企业已推出商用产品。

原子蒸气是目前成熟度较高的一种技术路线，已广泛应用于时频同步领域，目前商用铯钟、铷钟都基于原子蒸气能级跃迁进行频率或时间测量，并逐步向小型化和芯片化方向演进。原子蒸气中原子核和电子具有自旋的内禀属性，会与外界场产生耦合，也可用于磁场和角速度测量。基于原子蒸气的量子磁力仪已开始商用化，特别是 SERF 磁力仪具有超高灵敏度的优点，相比超导干涉仪，其具备无冷却装置、维护费用低、可近距离探测等优点，有望成为下一代心磁和脑磁等人体微弱磁场检测方案。

里德堡原子是指具有高激发态电子的原子。里德堡原子具有半径大、寿命长等特点，因此，在由里德堡原子所构成的量子体系中，相干时间也相对较长。另外，里德堡原子具有高极化率，对外部场的反应非常敏感，极易受到影响。同时，由于里德堡原子的能级间隔较小，其能级跃迁频率能够被微波信号所覆盖，因此，可以通过微波电场与里德堡态的耦合，来实现微波电磁场对里德堡原子之间相互作用的调控。基于原子的场传感器使用里德堡原子作为射频接收介质。传统上来讲，里德堡态是指价电子驻留在远离原子核的轨道中的原子的状态。而这种弱束缚、准自由电子的里德堡原子提供了原子独特的物理属性，包括对外部电场和磁场的高灵敏度。里德堡原子可实现兆赫兹到太赫兹量级的超宽谱射频场测量，具有厘米级小尺寸、非导电材料、灵敏度极高（10^{-10}V/m）、可全光调控读取、自校准等特点。里德堡原子天线在信息通信领域有望引发雷达、通信与导航等技术产品的变革。

超导量子干涉仪结合了磁通量子化和约瑟夫森隧穿的物理现象，研究发现了超导体（S）和被一层薄绝缘层（I）隔开的普通金属（N）之间存在单电子隧穿效应，后来约瑟夫森从理论上进行了证实。因此，这种S-I-S和S-N-S结构被称为约瑟夫森结。在外磁场中，将两个约瑟夫森结和超导环并联之后会发生宏观量子干涉现象，超导量子干涉仪就是基于这种物理效应来对外磁场进行精确测量的。若超导环并联两个约瑟夫森结，则可以构成直流超导量子干涉仪，若并联一个约瑟夫森结，则构成射频超导量子干涉仪，如图2-21所示。大多数超导量子干涉仪的应用都是与超导输入电路耦合，从而配置成磁强计或梯度计。与各种类型的标量磁场测量仪器相比，超导量子干涉仪磁强计或梯度计

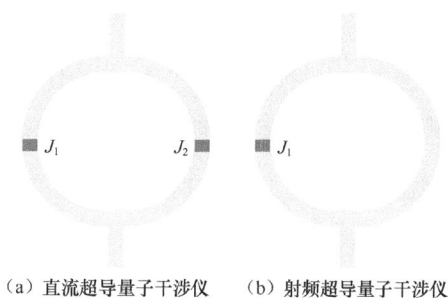

（a）直流超导量子干涉仪　（b）射频超导量子干涉仪

图2-21　超导量子干涉仪结构示意

是矢量装置，只测量垂直于磁通回路平面的磁场分量变化，超导量子干涉仪梯度计可以抵消大量环境磁场噪声。

量子纠缠是多粒子微观系统的独特现象，是量子力学中著名的争议性理论。A和B粒子状态无法用各自状态的乘积（直积态）来表述，例如$|\beta 01>=(|01>+|10>)/\sqrt{2}$，两粒子处于纠缠态，无论两个粒子相距多远，对

其中一个粒子的测量将同时导致两个粒子状态的确定（坍缩）。量子纠缠理论上可突破标准量子极限，逼近海森堡极限。量子纠缠技术目前主要应用于量子雷达和量子时间同步领域。国内外学者提出多种基于纠缠光子对的量子时间同步协议，实验中得到皮秒量级同步精度。近几年提出了量子传感网络概念，利用量子纠缠将多个量子传感器连接，进一步提升测量性能。2022 年，英国牛津大学使用光子链路成功纠缠相隔 2m 的两个 $^{88}Sr^+$ 离子，展示了首个纠缠光学原子钟量子网络，有望用于增强计量学。但量子纠缠目前还不是量子测量领域的研究重点，主要原因如下：一是目前量子测量精度瓶颈尚未达到标准量子极限，主要受限于经典噪声；二是量子纠缠态产生、调控、远距离分发等技术尚不成熟，难以实现工程应用。上述光钟网络的纠缠持续时间仅为 9ms，目前光钟需要至少 500ms 探测时间，远远不能满足工程化应用需求。

单光子探测是对光子最为精密的测量，一个单光子的能量极其微弱，约为 10^{-19}J，如何高效灵敏地检测单光子的数量和能量是量子信息、生物检测、光量子雷达等领域的核心技术之一，这要求单光子探测器在具有巨大增益的同时，必须维持极低的噪声水平。一个理想的单光子探测器应具备以下特质：接近 100% 的探测效率、极低的噪声、无时间抖动，以及不存在后脉冲等可能引发噪声的现象。此外，它还应能够进行宽谱测量，并拥有光子数分辨能力。然而，按照目前的技术水平制造出的单光子探测器仅能达到部分理想指标。目前主流的单光子探测器类型包括光电倍增管、基于不同半导体材料（例如硅、镉、铟镓砷）的雪崩光电二极管、量子点场效应管探测器、超导纳米线单光子探测器，以及上转换单光子探测器。单光子探测的应用目标可分为硬目标和软目标。硬目标探测是对飞行器等实体目标进行百千米级、三维、非视域成像；软目标探测是对风场、气溶胶、云层分布等非实体目标进行检测。单光子探测技术产品已相对成熟，目前在环境、交通、气象等领域落地应用。

量子精密测量是利用量子特性获得更高性能的测量技术，其特性可归纳为 1 个基础定义、2 个核心特征、3 种主要类型和 4 个基本步骤。1 个基础定义是基于对微观粒子系统的调控和观测，实现对物理量超高精度测量的技术。2 个核心特征是测量系统中的操作对象是微观粒子；微观粒子在待测物理场中的演化导致量子态的改变，直接或间接地反映待测物理量的大小。3 种主要类型包括基于分立能级结构测量、基于量子相干叠加测量和基于量子纠缠 / 压缩态测量，对应量子精密测量技术发展演进的 3 个阶段，精度不断提升，可突破标准量子极限，但系统复杂度和体积成本也相应提升。4 个基本步骤是量子态的制备与初始化、量子体系与待测物理量相互作用、量子态读取、结果处理输出。量子测量的主要步骤和技术类型如图 2-22 所示。

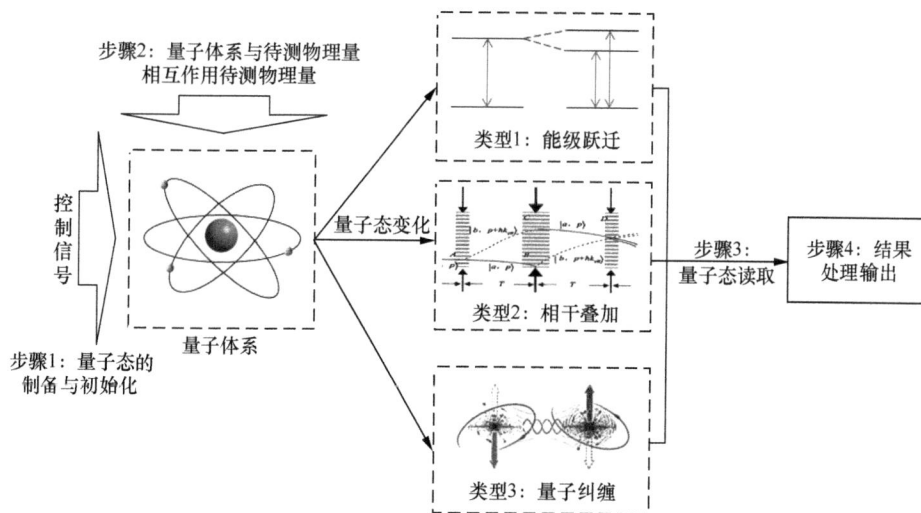

来源：中国信息通信研究院

图 2-22　量子测量的主要步骤和技术类型

2.5.2　量子时频基准

根据量子力学理论，原子、分子能级之间的跃迁频率是一种固有属性，具有很高的稳定性和复现性。2019 年，将铯原子基态能级的跃迁频率定义为常数 9192631770 Hz。原子钟从此正式作为秒长基准。

但是在室温条件下，原子热运动剧烈，原子之间的碰撞使相干时间变短，原子之间的碰撞和多普勒效应会使频谱展宽，从而降低了频率测量精度。采用激光冷却技术可以制备冷原子，从而提升频率测量准确度：采用两束方向相反的激光束，频率略小于原子吸收频率；如果原子存在热运动，由于多普勒效应，与热运动反向的激光会与原子共振，改变其动量，使热运动速度减小；使用三维激光束可以使原子温度冷却至接近绝对零度，使原子的相干特性显著提升。冷原子的优点在于：降低了与速度相关的频移（多普勒频移和频谱展宽），从而降低了频率测量的不确定度；减速（或被囚禁）的原子可以被长时间观测，压窄了钟信号线宽，提高了频率测量的稳定度，从而提高了时钟源的稳定性。

时钟的稳定性可以表示为：

$$\sigma_y(\tau) \approx \frac{1}{\pi Q}\sqrt{\frac{T_c}{\tau}}\sqrt{\frac{1}{N}+\frac{1}{Nn}+\delta_{\mathrm{det}}^2}$$

其中 $Q = v_0 / \Delta v$，可以看出谱线中心频率 v_0 与参考谱线的线宽 Δv 的比值是影响光钟性能的主要因素。光学频率比微波频率高 4 ～ 5 个数量级，因而与原子微波钟相比，光钟的稳定性、不确定度指标都至少有数量级的改善。要实现光钟，需要解决工作物质（原子或者离子）的长时间囚禁和冷却、超窄线宽钟跃迁探测光的实现及光频测量等问题。目前采用的原子光钟有两种原子体系：一是基于中性原子光晶格囚禁的光晶格原子钟，二是基于单离子囚禁的离子光钟。单离子光钟由于只囚禁了一个粒子，有利于隔离周围环境的干扰且系统更加简单，具有较低的系统频移不确定度；但也正是由于只有一个粒子，其受量子投影噪声的影响，稳定度很难进一步提升；光晶格原子钟同时囚禁成千上万个粒子，因此信噪比高，能够实现比单离子光钟更高的稳定度，然而粒子之间的相互作用对频率的影响需要精密的操控，才能实现较低的系统频移不确定度。

目前，光钟的不确定度和稳定度指标均进入 10^{-19} 量级，其中美国国家标准与技术研究院的铝离子光钟不确定度极限达到 9.5×10^{-19}，相当于 330 亿年的时间里，其计时误差不超过 1s。2022 年，中国科学院精密测量科学与技术创新研究院研制的钙离子光钟不确定度达到 3×10^{-18}。同年，武汉量子技术研究院研制的国内首台基于量子逻辑技术的铝离子光钟原理样机不确定度达到 7.9×10^{-18}。2024 年，美国国家标准与技术研究院研制的光晶格钟不确定度达到 8.1×10^{-19}。

国外也开始开展基于量子纠缠的光钟研究，为了进一步提升其准确度。目前，标准拉姆齐光谱学指的是一个离子陷阱载满相同内态 $|0>$ 的 n 个离子。第一个拉姆齐脉冲作用于所有离子。通过精确控制脉冲形状和持续时间，使其驱动捕获离子在能级间跃迁 $|0> \to |1> \left(E_1 - E_0 = \hbar\omega_0 \right)$。接下来系统自由演化了一段时间，出现了第二个拉姆齐脉冲。最后，测量了每个粒子的内部状态。当拉姆齐脉冲持续时间远小于自由演化时间 t 时，$|1>$ 中发现离子的概率为 $P = (1 + \cos \Delta t) / 2$，其中 $\Delta = \omega - \omega_0$，表示经典驱动场与系统跃迁之间的失谐。通过调整经典驱动场的频率 ω 与系统跃迁能级频率 ω_0 一致，形成标准的频率时钟输出。为了提高频率输出的精度，需要在一个周期 T 内不断重复上述操作。最终的目标是在给定的周期 T 和离子数 n 条件下提高 Δ 的精度。T 和 n 是比较不同方案性能时考虑的物理资源。有限样本相关的统计波动产生了 P 估计值的不确定性 $\Delta P = \sqrt{P(1 - P) / N}$，其中 $N = nT/t$ 表示实

验数据的实际数量（假设 N 较大）。频率估计的不确定度可以表示为 $|\delta\omega_0|=\dfrac{\sqrt{P(1-P)/N}}{|dP/d\omega|}=\dfrac{1}{\sqrt{nTt}}$，这个值对应经典的散粒噪声极限。

量子纠缠为克服这一理论极限提供了可能性。其基本思想是在初始状态下制备纠缠的离子。为了看到这种方法的优点，考虑在最大纠缠态下制备的两个离子的情况：$|\Psi\rangle=(|00\rangle+|11\rangle)/\sqrt{2}$。经过一段时间的自由演化后可表示为：$|\Psi\rangle=(|00\rangle+e^{-2i\Delta t}|11\rangle)/\sqrt{2}$。

此时，第一个离子处于 $|1\rangle$ 的概率为 $P_2=(1+\cos 2\Delta t)/2$。如果将系统扩展为 n 个离子的纠缠态，则初始状态可以表示为 $|\Psi\rangle=(|00...0\rangle+|11...1\rangle)/\sqrt{2}$。此时第一个离子处于 $|1\rangle$ 的概率为 $P_n=(1+\cos n\Delta t)/2$。这个方案的优点是，相比于非纠缠的离子，信号的振荡频率被放大了一个因子 n，相应的频率不确定性为 $|\delta\omega_0|==\dfrac{1}{n\sqrt{Tt}}$。

这个结果表明，频率估计的不确定度相比经典的散粒噪声降低到了原来的 $1/\sqrt{n}$。采用量子纠缠技术可以使时钟的精度突破散粒噪声极限，逼近海森堡极限。2020 年，美国麻省理工学院报道在标准量子极限上实现了 4.4dB 的增益。2023 年，美国科罗拉多大学团队在光钟中利用里德堡相互作用实现自旋压缩，秒稳达到 1.087×10^{-15}，比标准量子极限低 1.94dB。

2.5.3 量子时频传递

光钟在精确导航、重新定义"秒"的基本单位和引力测试中得到了应用。目前，最先进的光钟的频率不稳定性已达到 10^{-19} 量级，因此需要更高精度的时频传递技术。量子时频传递技术大致可以分为量子频率同步技术和量子时间同步技术。频率同步的目的在于使全网共享一个标准的振荡频率，时间同步是使每个网络节点计算获得自身时钟时刻和标准时间（如协调世界时）之间的时间差，从而校准自身的时钟。频率同步是时间同步的基础。

量子频率同步可以通过纠缠时钟网络实现。2.5.2 节中介绍了在时钟内部将原子／离子纠缠起来，使频率的不确定度突破经典物理的散粒噪声极限，提升了 $\sqrt{n}$ 倍。如果将量子纠缠扩展到整个时钟网络，利用量子纠缠将分布在不同地理位置的时钟连接起来，就形成了一个量子时钟网络，其性能与单个非纠缠时钟相比提升了 $\sqrt{kn}$ 倍，其中纠缠时钟网络中包含 k 个时钟节点，每个时钟中包含 n 个量子比特。量子时钟网络的连接方式基于量子态的纠缠特性。纠缠的量子时钟网络的一个优点是它能够实时维护和同步多方时间标准。目前的世界时间标准是将来自不同时钟的信号平均，再将结果反馈给各个节点，这一过程具有一定的滞后性。在量子时钟网络中，所有参与者都可以随时访问超稳定的信号。该技术能够实现不同时钟系统误差的实时测量，从而对这些误差进行校正。这与经典时钟网络的情况不同，因为后者必须依赖历史平均时间信号。

纠缠时钟网络首先完成网络中所有节点的纠缠制备，然后进行拉齐姆测量。在拉姆齐测量之后，为了提取不同纠缠量子态下的相位信息，每个节点在 x 基上测量其量子比特，并对所有测量结果的奇偶性进行评估。然后，节点通过经典信道将信息发送给中心节点。中心节点计算总奇偶校验并提取相位信息。相位测量值给出了一个质心频率失谐量的估计值，然后由中心节点稳定质心激光信号。为此，需要产生一个质心频率作为基准。每个节点通过相位稳定的光链路向中心发送本振信号，中心节点通过等权平均频率合成质心频率。中心节点通过分别向所有节点发送对应的误差信号（目标节点频率与质心频率之间的误差），将稳定的时钟信号分配给网络的不同成员，并相应地校正自己的本振信号，从而实现全局的频率同步。理论分析表明，在相同的节点数和量子比特数下，纠缠量子钟网络的精度比经典时钟网络的精度高出一倍，突破了标准量子极限，逼近海森堡极限。

量子时间同步技术大致可以分为量子安全时间同步技术和量子纠缠时间同步技术。

量子安全时间同步技术将量子密钥分发等量子技术与传统经典时间同步技术相结合，提高了时间同步协议的安全性。2020年，中国科学技术大学团队实现了星地间的量子安全时间同步，时间传送精度σ_t达到30～60 ps。

量子纠缠时间同步技术运用量子纠缠特性，提升了时间同步的精度，其理论同步精度可突破标准量子极限。在过去的20年间，国际和国内学者提出了10余种基于纠缠光子对的量子时间同步协议，并在实验中得到皮秒量级的时间同步精度。

2022年，国家授时中心团队在两种光纤距离（7km的现场光纤链路和50km的实验室光纤链路）上进行了双向量子时钟同步实验。研究团队在国家授时中心园区内的氢脉泽与骊山天文台的铷钟之间通过一段长达7km的光纤，实现了双向量子同步的实地测试。测试结果显示，系统的短期同步稳定度已经与铷钟相对于氢脉泽的固有频率稳定度水平相当。在长期稳定度方面，当测试时长达到7680s时，其同步稳定度维持在19.3ps。此外，同一团队还在实验室环境下，利用光纤进行了双向量子时钟同步的演示，其传输距离长达50km。在采用公共参考时钟的情况下，当测试时间延长至57300s时，其同步稳定度高达54.6fs，同时精度也达到了1.3±36.6ps。而在使用独立参考时钟并结合微波频率转换技术时，系统同样展现出了优异的性能，即在57300s的测试时长下，稳定度保持在89.5fs。

同年，美国能源部下属费米实验室和阿贡国家实验室团队在同一根光纤上同时传递量子信号和经典时钟信号，并实现高精度时钟同步，展示了经典信号与量子信号的共存能力，并且相距 50km 的时钟仅有 5ps 的时间差。

同年，中国科学技术大学团队实现百千米级的自由空间高精度时间频率传递实验，其时间传递稳定度达到飞秒量级，频率传递万秒稳定度优于 4×10^{-19}。该团队基于双飞秒光梳和线性光学采样，在相隔 113km 的新疆南山天文台和高崖子天文台之间实现了频率偏移 $6.3 \times 10^{-20} \pm 3.4 \times 10^{-19}$，其万秒稳定度为 4×10^{-19}。

2023 年，美国国家标准与技术研究院联合团队实现了量子极限下的光学时间传递，在夏威夷山顶之间 300 多 km 的自由空间信道中实现 320as 的时间同步，信号发射功率仅为 40μW，该技术方案能够支持 102dB 的链路损耗，未来有望用于超高精度星地时间同步。

需要指出的是，虽然量子时频传递技术可以大幅提升同步精度，但是其中很多使能技术（例如高质量的纠缠态的产生技术、纠缠态的远距离传输和分发技术、量子中继技术等）尚未攻克，严重制约该技术向现网实际应用转化。

2.5.4　量子惯性导航

测量旋转角速度的陀螺仪和测量加速度的加速度计是自主惯性导航系统的核心组件。本节将重点介绍量子陀螺仪的原理及其研究进展。陀螺仪是测量角速度的惯性传感器，量子陀螺是继机械陀螺和光电陀螺之后的第三代陀螺技术，理论精度可达到 $1 \times 10^{-10} °/h$。量子陀螺仪按实现原理可以分成干涉式陀螺和自旋式陀螺两类。

干涉式陀螺仪是一种基于萨格纳克效应的陀螺仪，在萨格纳克效应中，在可旋转的环形干涉式陀螺仪中可观察到干涉条纹移动数与角速度和环路所围面积之积成正比。干涉式陀螺仪利用玻色 – 爱因斯坦凝聚现象获得量子物质波，由于玻色子具有整体特性，在温度足够低且原子运动速度足够缓慢的情况下，它们将集聚到能量最低的同一量子态，所有的量子展现出完全一致的物理特性，这就是玻色 – 爱因斯坦凝聚现象。凝聚态的物质波通过萨格纳克效应可以实现高精度的角速度测量。

根据凝聚态物质不同，干涉式陀螺仪又可以细分为原子干涉陀螺仪和超流体干涉陀螺仪两类。原子干涉陀螺仪利用冷原子干涉技术实现角速度测量。原子的分束操作可以通过应用拉曼脉冲来实现。拉曼脉冲由两束激光构成，这两束激光沿着相反方向传播并在空间中重叠。精确调控这两束激光脉冲的频率和持续时间，可以使原子处于叠加态或者分离态。随后，拉曼脉冲会再次调整原子团的运动轨迹，并对原子团进行重新组合。陀螺仪的旋转和加速运动均会引起原子团的位置变动。通过观测两个运动方向相反的原子团，能够精确确定旋转和加速度的大小。

超流体干涉陀螺仪利用液氦在低温环境下呈现的量子宏观效应，通过化学势差驱动超流体在微孔阵列发生约瑟夫森效应产生物质波，基于物质波萨格纳克效应实现角速率敏感测量。2011 年，第一款超流体干涉陀螺样机在加利福尼亚大学伯克利分校研制成功，该样机包含两个弱连接，通过施加静电力为超流体干涉陀螺仪提供恒定的化学势差，使氦超流体流过弱连接并发生约瑟夫森效应，产生两列物质波。当外界有角速度输入时，物质波流量幅值和薄膜振荡幅值将发生调制，引起薄膜和电极之间的磁场变化，进而影响扁平线圈中的电流发生感应变化，利用超导量子干涉仪的超高精度磁场检测能力可检测这一感应电流，从而精确解调出外界角速度。

自旋式陀螺仪利用量子自旋的特点实现角速度测量，可分为核磁共振式陀螺仪和无自旋交换弛豫态陀螺仪。核自旋的指向在自然状态下杂乱无章，因此在核磁共振式陀螺仪中，首先采用驱动激光通过光子角动量的传递，使核自旋获得宏观指向。核自旋在纵向主磁场和横向激励磁场下发生核磁共振，共振频率与核自旋旋磁比、主磁场强度相关，与载体相对惯性空间是否转动无关。因此，用固联在核磁载体系的检测激光来检测核磁共振频率，检测结果为固有核磁共振频率和载体转动角速度的叠加。控制主磁场强度稳定可以固定核磁共振频率，推算出载体转动角速度。

无自旋交换弛豫态陀螺仪的工作原理是利用碱金属原子的电子自旋在惯性空间中的定轴性。为了预防电子自旋在外部磁场的影响下发生拉莫尔进动，设计了一种特殊的耦合磁强计，它由惰性气体原子的核自旋和碱金属原子的电子自旋共同组成。在这个过程中，碱金属原子的电子自旋会与惰性气体原子的核自旋进行交互。惰性气体原子的核自旋可以自动感知并补偿外部环境磁场的变化，这样可以有效地屏蔽外部磁场对碱金属原子电子自旋定轴性的影响。一旦设备开始旋转，碱金属原子的电子自旋会维持其原有的定轴。与此同时，用于检测的激光会随载体一起转动，因为它是固定在载体上的。此时，电子自旋与激光之间的角度就会反映出载体相对于惯性空间的旋转状态。

国际研究团队近几十年取得诸多成果。在 20 世纪七八十年代，SK 公司和 Litton 公司已实现了零偏稳定性接近 $0.01°/h$ 的自旋式核磁共振陀螺技术。2003 年，法国巴黎天文台第一次采用冷原子干涉仪器，对 3 个方向的加速度和 3 个方向的角速度进行测量。德国汉诺威大学开展面向航空导航的原子干涉陀螺仪研究，目前陀螺仪短期灵敏度为 $10^{-3}°/h$。2005 年，普林斯顿大学的 T. W. Kornack 团队研制的实验装置首次实现基于耦合磁强计的原子自旋陀螺仪效应。2006 年，美国斯坦福大学首次实现了冷原子陀螺仪的短时高精度和长时稳定性的统一，零偏稳定性小于 $6 \times 10^{-5}°/h$，刻度系数稳定性小于 5×10^{-6}，随机游走误差在 $3 \times 10^{-5\circ}$/h 量级。同年，法国巴黎天文台成功研制出六轴惯性传感器，可同时测量三轴角速度和加速度，并保持较高的精度，显示了冷原子陀螺仪的巨大潜力。2007 年，NG 公司完成了项目第二阶段的研制，随机游走误差为 0.12°/h，零偏稳定性达到 1.0°/h。2010 年实现随机游走误差为 0.01°/h，零偏稳定性达到 0.05°/h。2012 年，NG 公司进行了体积为 10cm^3 的核磁共振陀螺仪实验室环境测试，零偏稳定性达到 0.01°/h，角速度动态范围为 500°/s，标度因数线性度为 25×10^{-6}，在典型环境中使用验证，稳定性达到 0.02°/h。NG 公司研发的核磁共振陀螺仪以其超小体积和导航级别的精确度，成功跻身全球最小的高精度陀螺仪之列。这一创新成果代表了高精度小体积陀螺技术的重大突破，为导航技术的未来发展开辟了新路径。2013 年，普林斯顿大学研究团队研制的无自旋交换弛豫态原子陀螺仪样机的零偏稳定性达到 $1.7 \times 10^{-4\circ}$/h。同年，法国航空航天实验室也开始了基于 $\text{Rb}-^{129}\text{Xe}$ 的无自旋交换弛豫态原子自旋陀螺仪的研究。霍尼韦尔公司的研究小组开展了芯片级无自旋交换弛豫态原子自旋陀螺仪的研究，设计了相应的结构和工艺实现方法。

国内方面，航天院所自主研发的小型化核磁共振陀螺仪工程样机已通过温循、振动、冲击测试，具备实用化能力。北京航空航天大学研究团队的无自旋交换弛豫态原子陀螺样机零偏稳定性指标，已优于国际公开报道的最高水平。

此外，一些量子陀螺仪新技术路线也被提出和验证。2021 年，上海交通大学团队提出轨道角动量原子－光混合萨格纳克干涉仪，提高了测量旋转的精度。2023 年，北京理工大学提出一种基于悬浮纳米金刚石的高灵敏度陀螺仪，其灵敏度可以达到 $6.86 \times 10^{-7}\,\text{rad}/(\text{s} \cdot \sqrt{\text{Hz}})$，由于陀螺仪的工作面积极小（小于 $0.01\mu\text{m}^2$），未来有望实现芯片化。

量子陀螺仪与经典陀螺仪各具优势，借鉴组合守时系统和组合导航系统的思路，未来可采用原子陀螺仪驾驭和矫正光纤陀螺仪，抑制误差发散，同时保证导航系统的采样率和长期稳定性。

2.5.5　量子重力测量

地球重力场是地球物质分布及其时空变化的直观体现。通过高精度的重力加速度测量，研究人员能够深入了解地球的各种物理特性，这种测量方式在地球物理、资源探测、地震分析、重力测绘、惯性导航等多个领域均有广泛应用。近 20 年来，冷原子重力仪作为一种新型量子传感器得到了迅速发展。它融合了激光冷却技术与原子干涉技术，从而实现了对重力加速度的高精度与高灵敏度测量。本节将深入探讨冷原子重力仪的工作原理、类型、具体装置，并着重剖析实现小型化冷原子重力仪所需的关键技术。

1924 年，物理学家德布罗意指出，任何物质都具有波粒二象性，物质的粒子性（动量 p）和波动性（波长 λ）可以通过普朗克常数 h 联系起来（$\lambda=h/p$）。这种波就是所谓的德布罗意物质波，其中 λ 是物质波的波长。物质波同样展现出波的基本特质，因此它能够像光波、声波那样产生干涉现象。值得注意的是，当实物粒子的速度降低时，物质波的波长会相应地增长，进而使其干涉效应变得更加显著。激光冷却技术能够有效地降低原子的运动速度，进而拉长原子物质波的波长，甚至超过可见光的波长。这种技术突破为超低温原子团的实现提供了技术支持，极大地推动了对原子物质波干涉的研究。此外，应用拉曼脉冲技术，可以精确地实现物质波波包的分束与合束操作，这为深入研究原子物质波干涉提供了有力的工具。1992 年，世界上第一台原子喷泉式重力仪在美国斯坦福大学诞生，该重力仪是基于受激拉曼跃迁原理设计完成的。

冷原子重力仪干涉部分的原理与量子陀螺仪、加速度计类似。在重力作用下，冷原子波包自由下落，期间会受到三束拉曼脉冲的作用，分别实现原子波包的分束、偏转与合束，完成干涉。在此过程中，两束原子的运动路径之间存在相位差异，其中包含重力加速度的信息。只需提取干涉条纹的相位数据，便能精确地获取重力加速度的数值。

冷原子重力仪分为喷泉式重力仪和自由下落式重力仪两种。喷泉式重力仪通过竖直上抛冷原子波包并施加三束拉曼脉冲实现干涉，干涉时间长，磁屏蔽易实现，但实验较复杂。自由下落式重力仪则是释放原子后在其下落过程中进行干涉，其装置和步骤更为简化，是小型化重力测量设备的理想选择。

虽然原子干涉量子传感器性能卓越，但因其装置复杂而多局限于实验室。然而，随着技术进步和市场需求扩大，小型化可移动冷原子重力仪的研究变得至关重要，它有着广阔的应用前景。为实现这一目标，需突破多项技术，如超高真空、高性能激光、集成光路等。精密加工和先进真空技术有助于缩小真空腔体，而低功耗原子芯片、新实验和理论方案进一步简化了系统。同时，微机械加工和半导体技术催生了新型小型激光系统，提高了环境适应性和紧凑性。此外，小型化传统光学元件有望实现光路的集成和优化。最后，基于 FPGA 的电子电路系统有望取代传统控制系统，实现系统的小型化。这些技术为小型化原子重力仪的研制提供了可能，将在重力测量领域发挥重要作用。

法国宇航局 2018 年报道了船载 GIRAFE 型原子重力仪实验，该船载重力仪在静态测量时的系统不确定度为 $6 \times 10^{-8} g$，在动态测量时的系统不确定度为 $1.7 \times 10^{-7} g$。静态测量灵敏度为 $8 \times 10^{-7} g / \sqrt{Hz}$。经过测试，该船载原子重力仪测量精度已经超过同船的传统弹簧式重力仪测量精度。

美国加利福尼亚大学伯克利分校在 2019 年报道了一项研究，成功实现了一种可移动的原子重力仪并进行了车载实验。在车载实验中，车辆总行程为 7.6km，在每个测量点，设备开机调试仅需 15min，测量时间为 20min。在车载环境下，振动噪声加大，测量灵敏度可达 $5 \times 10^{-7}\mathrm{g}/\sqrt{\mathrm{Hz}}$，测量总不确定度为 $4 \times 10^{-8}\mathrm{g}$。

国内于 2006 年前后开始进行原子重力仪研究，第一台原理样机出现在 2010 年前后。经过多年的发展，截至目前，已经有多家团队跟进原子重力仪研究，包括中国计量科学研究院、华中科技大学、浙江工业大学、中国科学院武汉数学物理研究所、中国科学技术大学、国防科技大学、中国航空计量技术研究所等。中国计量科学研究院研制的原子重力仪灵敏度达 $4 \times 10^{-7}\mathrm{g}/\sqrt{\mathrm{Hz}}$，不确定度达 $5 \times 10^{-8}\mathrm{g}$。华中科技大学搭建的冷原子重力仪灵敏度达 $4.2 \times 10^{-9}\mathrm{g}/\sqrt{\mathrm{Hz}}$。浙江工业大学开发的重力仪灵敏度达 $1 \times 10^{-7}\mathrm{g}/\sqrt{\mathrm{Hz}}$，不确定度达 $1 \times 10^{-7}\mathrm{g}$，并开展了车载和船载实验。2022 年，中国科学院精密测量院团队研制出集成化高精度原子绝对重力梯度仪。依托垂向层叠双原子干涉仪的设计方案，该重力梯度仪的探头体积仅为 0.095 立方米，而其测量精度却高达 0.86E（$1\mathrm{E}=1 \times 10^{-9}/\mathrm{s}^2=0.1\mathrm{\mu Gal/m}$），是目前国际上集成度最高的亚 E 水平的原子重力梯度仪。

2.5.6 量子目标识别

量子目标识别技术融合了传统雷达与量子科技，其核心装置即量子雷达，利用电磁波的双重性质，通过操控电磁场的微观量子态来检测目标和成像。相较于传统雷达，量子雷达在灵敏度、分辨率、抗干扰能力和信息获取精度上均表现出显著优势。量子雷达以电磁场的微观量子为信息载体，发射包含少量量子的探测信号，这些量子与目标互动时遵循量子电动力学规则。在接收端，量子雷达采用量子技术接收并处理这些信号，从中提取目标信息。根据量子技术的应用程度，量子雷达可分为量子纠缠雷达和量子增强雷达。

量子纠缠雷达通过发射纠缠光子对来探测目标，进一步可分为干涉式量子雷达和照射式量子雷达。干涉式量子雷达使用 NOON 纠缠态作为信号，通过两束光子的干涉来实现目标探测，其分辨能力可突破经典极限。然而，其性能在衰减介质中会明显减弱。照射式量子雷达则利用量子纠缠源照射目标，一部分信号被存储，另一部分信号用于探测。其探测信噪比显著提升，即使在强噪声环境下也具有高灵敏度。但量子纠缠态的制备困难，且在大气中容易消相干，影响雷达性能。

量子增强雷达发射经典态信号，并在接收端采用量子增强检测技术提升性能。例如，采用具有光子数分辨能力的探测器，利用零差检测的奇偶探测方法，或者利用压缩真空注入和相位敏感放大的零差检测等方法，实现雷达性能的提升。这种雷达技术路线硬件升级成本低，实用性强，同时能显著提升雷达性能，因此受到多国研发机构的青睐。

近年来，量子雷达技术在反隐身探测、电子抗干扰等领域备受关注，各技术路线均有所发展。自 2004 年起，意大利比萨大学和美国海军实验室相继报道了干涉式量子雷达的实验样机，显示采用压缩态或纠缠态光源可突破标准量子极限的相位差估计误差。然而，干涉式量子雷达仍面临技术挑战，例如大气衰减会导致其性能急剧下降。照射式量子雷达则由麻省理工学院的劳埃德教授于 2008 年首次提出，该方案发送纠缠光子对中的一个用于探测，具有信噪比强、灵敏度高的优点。2013 年和 2015 年的实验进一步验证了其性能稳健性和目标探测能力的提升。2021 年，中国科学技术大学团队研究了纠缠相干态的量子照明方式，显示其在某些条件下具有优越的探测性能。纠缠源除了可以应用于雷达探测，还可以进行成像增强。2024 年，英国格拉斯哥大学和法国索邦大学联合团队提出一种量子辅助自适应光学成像技术，利用纠缠光子照明待测样品，捕捉传统图像信息，进行相关性测量，用于对图像畸变的校正。实验结果表明，结构相似性指数测量达到 98.41%，比未校正之前提高了 20.52%。

量子增强雷达无须制备纠缠量子对，利用微观量子态的高维度信息调制特性来提高雷达的角度分辨能力和系统灵敏度。多种实现方案如"SVI-PSA"零差检测技术、基于零差检测的奇偶探测技术等已在激光雷达领域获得成熟应用。2021 年，山西大学团队还提出了基于集成量子压缩光源的量子增强多普勒激光雷达探测方法，相较于传统方法，其探测灵敏度有所提升。同时，量子目标识别领域科研成果亮点纷呈。2023 年，法国里昂高等师范学院团队报道在微波量子雷达中实现了量子优势，利用超导电路实现微波量子态的纠缠产生、存储和操控，可以计算微波场中的光子数量，实现的微波量子雷达性能比经典雷达高出 20%。意大利都灵理工大学和荷兰代尔夫特理工大学联合团队在量子增强非干涉定量相位成像领域实现了量子优势，通过测量信号光和闲置光的一阶强度实时实现全场相位恢复，计算出的皮尔逊相关系数明显低于采用经典方法所得。

光量子雷达作为一种特殊的量子增强雷达，是将高灵敏度、高精度的单光子探测技术、相关光学技术和计算处理算法应用于激光雷达领域形成的一类新型雷达。这一技术实现了在成像距离、成像速度、成像分辨率等方面的突破。远距离光量子雷达技术现阶段研究的主要目标是针对远距离高价值目标探测、成像和识别的应用需求，开展高速单光子探测与成像系统技术研究，突破高效率低噪声单光子探测、高效抗噪声光子计算成像算法和极限灵敏度高分辨单光子成像等关键技术。目标是研制出单光子成像样机，实现百千米量级目标探测、成像和识别，并开展相关的外场试验验证。2021年，中国科学技术大学的研究人员实现了一种紧凑的同轴光量子雷达系统并完成最远达205.1km的3D成像实验。他们通过光子效率算法实现了在每像素仅为0.44个信号光子的情况下能够精准进行3D成像。同年，该团队利用频率上转换单光子探测技术，通过实验实现了毫米级非视域3D成像，这是目前非视域成像的最高精度，其横向空间分辨能力达2mm，纵向空间分辨能力达0.18mm。

2.5.7 量子磁场测量

磁场是物质本身或相互作用时产生的物理量，磁场测量对研究物质特性和探测未知领域至关重要，已经被广泛应用于医学、军事等多个领域。在医学上，通过探测人体组织的弱磁场，可及时发现异常和潜在病变。脑磁扫描与磁共振成像结合能形成2D或3D脑磁图，精确定位发生源或病灶。弱磁场测量技术具有无创、无副作用且时空分辨率高的优势。磁力仪的发展历经了三代，其中第三代量子磁力仪主要包括质子旋进磁力仪、光泵磁力仪、无自旋交换弛豫原子磁力仪、固态原子自旋磁力仪等，最高磁场测量灵敏度可达$fT/\sqrt{Hz}$量级（$1fT=10^{-15}T$）。

质子旋进磁力仪又称质子磁力仪，通过测量质子磁矩在磁场中的进动频率来确定磁场大小，具备良好的性能和稳定性，缺点在于耗电量大且不能长期连续测量。

光泵磁力仪利用原子能级在磁场中的塞曼效应来测量磁场。其优点包括高灵敏度和高响应频率，适用于高速测量和军事目标动态磁信号探测。它可以测量合磁场或磁场分量，并能进行连续测量。

原子无自旋交换弛豫磁力仪利用气态碱金属原子的电子自旋来检测磁

场，其磁场灵敏度极高。这种磁力仪被视为全光学磁力仪，采用巧妙的技术提升测量灵敏度。其在心脏磁测和人脑磁测等方面具有巨大潜力。2002年，普林斯顿大学物理系 Romalis 小组首次将无自旋交换弛豫效应应用于磁场测量，实现了$0.54\text{fT}/\sqrt{\text{Hz}}$的灵敏度，超越超导量子干涉仪，首次进入亚$\text{fT}/\sqrt{\text{Hz}}$水平，创造了当时的磁测量世界纪录；之后又在 2010 年将 40Hz 频率处梯度差分模式下的灵敏度指标进一步提升至$0.16\text{fT}/\sqrt{\text{Hz}}$。利用该技术理论可实现$\text{aT}/\sqrt{\text{Hz}}$量级（$1\text{aT}=10^{-18}\text{T}$）的灵敏度。

基于无自旋交换弛豫原子自旋的极弱磁场测量工作原理是利用磁屏蔽装置创造的近零磁环境，以此来大幅度降低碱金属原子拉莫尔进动的频率。同时，通过提高原子密度的手段来提升自旋交换率，在自旋交换率远大于拉莫尔进动频率的情况下，原子的自旋交换弛豫得到抑制，实现无自旋交换弛豫状态。无自旋交换弛豫状态可以在极高的原子密度下实现较长的弛豫时间，根据此原理制作的原子磁力仪可以大幅提高极弱磁场的测量灵敏度。北京航空航天大学的研究团队在超高灵敏磁场测量装置的基础上，自2014 年起先后开展了两代高灵敏度小型化原子磁力仪研制，2021 年研制出的第二代原子磁力仪在 10～100Hz 频率范围内实现了$2\text{fT}/\sqrt{\text{Hz}}$的灵敏度，优于国外公开报道的小型化原子磁力仪灵敏度的最高水平。

磁力仪性能逐渐提升，未来发展趋势包括：更高的灵敏度，例如原子无自旋交换弛豫磁力仪已实现$1\text{fT}/\sqrt{\text{Hz}}$灵敏度，正向$0.01\text{fT}/\sqrt{\text{Hz}}$灵敏度迈进；体积更小、功耗更低，例如美国国家标准及技术协会的磁传感器探头大小仅为25mm^2，功耗小于 200mW，适用于微型仪器和军事应用；更加智能化，结合计算机技术实现自动化测量、数据分析和反馈，减少人为干预。

金刚石中的 NV 色心磁力仪是固态原子自旋磁力仪的典型代表。金刚石 NV 色心是指金刚石中的一种特殊的发光点缺陷，由一个替代的氮原子与其紧邻的一个碳原子空位组成，形成一个自旋为 1 的量子体系，是众多顺磁性杂质中的一种。在无外界物理场时，$m_s = \pm1$ 态处于简并状态，而在外界磁场的作用下，$m_s = \pm1$ 态会发生劈裂，劈裂能级差与外界磁场的场强呈线性关系。NV 色心磁力仪利用自旋共振在磁场作用下会产生能级分裂的特性，再结合量子操控等技术进行微弱磁场的测量。利用 NV 色心磁力仪还可以实现磁共振成像。基于 NV 色心的微观磁成像技术主要有两种：扫描磁成像和宽场磁成像。扫描磁成像与原子力显微镜技术相结合，该技术使用的是单色心金刚石传感器，采用单点扫描式成像方式，具有极高的空间分辨率与灵敏度，但成像速度与成像范围制约了该技术在某些方面的应用。宽场磁成像则使用系综金刚石传感器，高浓度的 NV 色心相比于单个 NV 色心而言，虽然降低了空间分辨率，但是其在宽场、实时成像方面却表现出巨大的潜力。

NV 色心磁力仪因为其磁场高灵敏度、稳定性和与环境条件的兼容性而成为量子磁力仪研究的热点方向之一。印度理工学院利用金刚石实现亚秒时间磁场显微术，并演示了动态宽场磁场成像。瑞士苏黎世联邦理工学院利用单自旋量子磁力仪进行梯度测量。中国科学技术大学基于 NV 色心量子传感器实现了皮特斯拉 (pT) 水平的微波磁场测量，将测量灵敏度提升了近十万倍；此外，还实现了太阳光驱动的量子磁力仪，解决了量子传感器的能耗问题。东京工业大学和东京大学联合研究团队研制的金刚石磁力仪在 5 ~ 100Hz 近直流频段内磁场灵敏度达到 $9.4 \pm 0.1\text{pT} / \sqrt{\text{Hz}}$，并支持约 1mm 的最小测量距离。

2.5.8　量子电磁探测

自 20 世纪 90 年代起，里德堡原子在量子调控、量子存储、单光子制备等多个领域发挥着举足轻重的作用，从而成为国际量子信息研究领域的热点。2007 年，英国杜伦大学的研究团队率先在高激发里德堡态中实现了电磁感应透明（EIT）现象，随后在 2008 年，进一步提出，里德堡原子的 EIT 现象可应用于电场测量。这一重要发现标志着里德堡原子首次被认定为一种新型电场传感与电磁信号接收介质。

里德堡原子可以被看作量子振荡器，它很容易通过激光激发进行制备，并且能够对选择的入射射频频率进行完美的频率匹配，因为里德堡价电子的轨道频率可以被调谐为射频辐射的共振频率。高响应频率集合对于每个里德堡态都是不同的。由于可以通过里德堡原子激发激光器调谐，获得各种各样的里德堡态，因此里德堡原子提供从兆赫兹量级到太赫兹量级的宽带射频覆盖。

单个里德堡原子接收器的尺寸约为微米量级。原子系综对入射射频场的响应相当于通过 EIT 激光束方法观察到的能级分裂和能级位移，这为测量原子响应进而确定射频场提供了一种全光学、鲁棒的工具。由于测量是基于已知的、不变的原子性质，这种射频场测定方法则是基于原子固有能级结构，且自带校准功能。

2012 年，美国俄克拉荷马大学的 Shaffer 研究小组取得了重大突破，首次在原子蒸汽池中实现了基于里德堡原子的微波电场测量。该研究小组利用里德堡原子的 EIT 分裂光谱技术，成功达到了 $30\mu V /\left(cm\cdot\sqrt{Hz}\right)$ 的微波电场测量灵敏度。这一成果显著超越了传统的、可溯源至国际标准单位制的微波电场计，并将测量灵敏度提高了近两个数量级。更重要的是，里德堡原子电场测量系统能够直接溯源至普朗克常数，这使原子电场计有望像原子钟一样，成为新一代微波电场计量标准。此后，Shaffer 小组不断深化研究，运用复杂的光谱技术（例如利用马赫 – 曾德尔干涉仪进行光相位测量），最终将测量灵敏度提升至 $3\mu V / \left(cm \cdot \sqrt{Hz}\right)$。

随后的几年中，这一领域的研究进展迅速。2020 年，山西大学的研究团队通过构建原子超外差测量系统，实现了微波电场的精密测量，其测量灵敏度达到了 $55nV / \left(cm \cdot \sqrt{Hz}\right)$，最小可测量的电场强度更是低至 780pV/cm。到了 2021 年，美国国家标准与技术研究院的 Holloway 研究小组采用重泵浦技术，进一步将里德堡原子电场传感器的灵敏度提升至 $50nV / \left(cm \cdot \sqrt{Hz}\right)$。而在 2022 年，该组织又探讨了微波腔增强技术对测量灵敏度的影响，结果显示，使用微波腔增强技术与使用非微波腔增强技术相比，灵敏度再次提升了近两个数量级。此外，Holloway 小组也在积极推动原子微波电场传感器在计量领域的应用探索，深入剖析了原子电场计的不确定度问题。2022 年，中国科学技术大学的研究团队取得了显著成果，其基于室温铷原子体系，利用多体系统相变点对扰动更敏感的特性，成功将测量灵敏度提升至 $49\mu V / \left(cm \cdot \sqrt{Hz}\right)$。

值得一提的是，里德堡原子不仅在弱电磁场测量方面表现出色，在较强电场的高准确度测量领域也展现了巨大的潜力。早在 2014 年，美国国家标准与技术研究院便利用室温蒸汽池中的 ^{85}Rb 里德堡原子，通过双光子 Autler-Townes 分裂与强场效应，实现了对约 40 V/m 的强场测量。2019 年，美国密歇根大学的 Raithel 研究小组将这一技术推向了新的高度，成功实现了对约 5 kV/m 强场的测量，且其测量精度控制在 1.5% 以内。

2024 年，北京量子信息科学研究院的研究团队又取得了新的突破。他们研发出了集成化的里德堡原子电磁探测系统，整个系统被紧凑地集成在一个高度仅 20cm 的标准机箱内，并配备了自研的控制软件，从而实现了对系统的便捷调试与高效操控。这一系统在国际上首次实现了分辨率为 720P

的数字高清视频传输，为里德堡原子在电磁探测领域的应用开辟了新的天地。

相较于传统的金属偶极天线，里德堡量子天线展现出诸多显著优势。其高灵敏度、宽频带响应范围（覆盖兆赫兹至太赫兹频段）、可溯源至国际单位制的特性，以及出色的高空间分辨能力与抗损伤性，共同推动了里德堡量子天线在雷达、计量、通信等多个领域的广泛研究与应用探索。当前，大量研究聚焦于利用里德堡量子天线进行微波弱场至强场的幅值、相位、极化状态、入射角度、电磁脉冲等参数的精密测量，同时，在推动系统小型化的工程研究方面也取得了显著成果。值得一提的是，除了在上述绝对场或矢量场测量中表现突出外，里德堡量子天线还在亚波长成像技术方面取得了令人瞩目的进展，进一步拓展了其应用范围与潜力。

第三章

探索：深入挖掘跨行业应用潜在场景

3.1 量子信息跨行业应用探索概述

量子信息技术作为量子科技的前沿领域和重要组成部分，以其独特的优势和巨大的潜力，引领信息通信技术的革新与产业升级。它基于量子力学原理，在提升信息处理速度、保障通信安全、提高测量精度和灵敏度等方面，展现出令人瞩目的实力。这不仅引起了科技界的广泛关注，更是成为了技术演进和产业升级的焦点之一。

在提升信息处理速度方面，传统的计算机体系面临着摩尔定律逐渐失效的困境，而量子计算机以其并行计算能力和超强的处理复杂问题的能力，为打破这一瓶颈提供了可能。量子比特作为量子计算的基础，其叠加态和纠缠态的特性使量子计算机能够在处理特定复杂的问题时实现指数级加速，从而极大地提高了信息处理的效率。随着量子算法的不断进步和量子计算机硬件性能的提升，未来有望在密码破译、组合优化、数据分类 / 预测等领域实现突破性应用。

在保障通信安全方面，量子通信技术特别是量子保密通信技术的出现，为解决传统通信中的安全隐患提供了全新的思路。基于量子力学的不可克隆原理，量子保密通信能够在理论上确保信息的绝对安全传输。这一技术的应用，不仅会提升政务、金融等关键行业的数据安全水平，更有助于构建更加可靠和稳健的网络安全体系。

在提升测量精度和灵敏度方面，量子精密测量技术同样展现出超越经典极限的优势。利用量子力学的特性，量子精密测量能够实现对微观世界的超高精度探测，给生物医疗、工业制造、环境监测等领域带来革命性的变革。

　　当前，量子信息技术正逐步从理论研究迈向产业化。未来，量子信息技术将为行业用户带来全新的解决方案。然而，量子信息技术的落地应用并非一蹴而就。它需要科研人员的不懈努力、产业界的积极参与和政府部门的政策支持。同时，我们也需要认识到，量子信息技术的发展仍面临诸多挑战，例如技术稳定性、成本控制、人才培养等问题。

　　本章将详细介绍量子信息技术在多个典型领域中的应用案例，包括信息通信、生物医疗、工业制造、交通物流、能源、金融、环境气象等，而实际应用并不限于这些领域。这些案例不仅展现了量子技术的巨大潜力，也揭示了其在实际应用中可能面临的挑战和机遇。需要指出的是，虽然有部分案例已实现部署应用，但仍有不少案例仅在实验层面验证了可行性。这些技术的落地应用还受限于技术成熟度、设备鲁棒性、成本等多重因素。未来，随着科研工作的深入推进和产业界的积极参与，量子信息技术将在更多领域展现出独特的优势，为产业转型升级提供助力。

3.2　信息通信领域

3.2.1　算力调度

　　计算机图形学的核心使命在于生成引人入胜、真实感强烈的图像。在计算机中构建的三维几何模型，要想从基础几何构架转化为精美的展示图，需增添材质、贴图、灯光等视觉元素。现今的渲染技术已经能够将多种物体，如皮肤、花草等，渲染至极为逼真的程度。然而，这种高度的真实感背后带来的是巨大的计算负担。模型和材质越复杂，所需的渲染时间就越长，单机渲染已无法满足日益增长的需求。为应对这一挑战，云渲染技术应运而生，它是一种以云计算为基础的全新服务模式，云计算集群环境被用于处理大规模渲染任务。在这一环境中，各个计算节点能够并行处理不同的渲染子任务，从而显著提升整体渲染效率，以满足日益增长的计算需求。这种分布式处理方式能够更高效地利用计算资源，从而加快渲染进度，提升整个渲染流程的工作效率。云渲染服务提供商在全国各地布局了大量超算集群，并将这些强大的计算能力出租用于渲染任务。

在图像渲染的算力调度方面，常见的做法是先假设选用特定的几台服务器，然后运用各种启发式算法来模拟和评估该配置下的运行状况，例如任务的预计完成时间、系统的负载均衡等。综合比较不同配置方案下的整体满意度，可确定出最佳的算力调度策略。该问题属于非确定性多项式困难问题，因此，当问题规模不断扩大时，这些求解方法的应用会受到复杂性的显著限制，导致在有限的时间内难以找到最优解。调度云计算集群时存在多种任务同时进行的情况。然而，伴随着数据量与服务器数量的持续增长，大规模动态云渲染环境下最优任务与服务器调度方案的优化变得愈发困难。这种情况极易引发服务器与渲染任务之间的不匹配问题，进而频繁出现冗余渲染现象，这不仅造成了计算资源的严重浪费，也显著降低了整体的渲染效率。

玻色量子团队与移动云携手合作，将图像渲染的算力调度问题通过数学建模转化为一个典型的非确定性多项式完全问题，即"广义的多路数字划分问题"的标准化形式。随后，进一步将这一问题转换为二次无约束二值优化问题，并映射到相干伊辛机的量子系统哈密顿量上，成功得到问题的最优解。该方案使用相干伊辛机（CIM）实现了云渲染业务算力网络资源调度算法的毫秒级运算，相比传统算力，计算速度有大幅提升，可获得2000倍的速度优势。和经典的模拟退火（SA）算法、禁忌搜索（TS）算法相比，平均节省97%的求解时间。不同规模问题的量子算法和经典算法调度方案对比如图 3-1 所示。深色区域和网格状区域的长度分别表示每台机器被分配的任务量及其相应的任务时间，而点状区域则代表机器的闲置时段。所有算法下的全部任务完成时间通过虚线进行标注。值得注意的是，经典模拟退火算法在处理时间上并未因问题规模的扩大而显著增加，但这一优势是以牺牲一定的准确性为代价的。禁忌搜索算法在准确性方面表现更佳，却并未在时间效率上达到最优。相比之下，相干伊辛机方案不仅能确保结果的正确性，更能将平均运行时间稳定地控制在毫秒量级，使求解时间不会因问题复杂度的提升而明显延长，特别是在处理大规模问题时。随着量子比特数量的增多，相干伊辛机有望展现出更显著的优势。

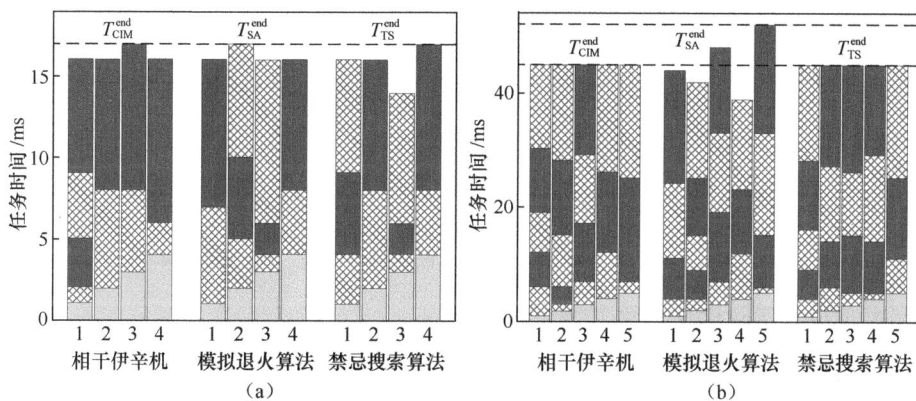

图 3-1 不同规模问题的量子算法和经典算法调度方案对比

此方案未来具有极其广阔的应用前景，可延伸至航线调度、机场飞机排班、港口货船协调、汽车生产线管理、工厂排产计划、云计算任务分配等多个领域。

3.2.2 MIMO 波束优化

近年来，随着移动通信技术的飞速发展，大规模多输入多输出（MIMO）技术通过运用波束成形等手段进行信号处理，已经实现了在不增加带宽的前提下，成倍提升通信系统的容量与频谱利用率。该技术在一定程度上克服了随机衰落和多径传播的影响，更是在相同的带宽条件下，给无线通信的性能带来了显著的改善。正因如此，大规模 MIMO 技术在面对复杂多变的通信环境时，能够提供更稳定且广泛的覆盖范围，从而得到了业界的广泛应用。

然而，随着移动用户海量接入和小区间干扰问题的日益突出，传统的相对静态波束设置方式已经越来越难以满足网络覆盖动态变化的需求。在网络环境日益复杂、用户需求日益多元化的今天，如何在给定的约束条件下，快速准确地做出决策，选择一组最优的波束模式以最大化网络性能，已经成为移动通信行业的一大难题。

特别是在 5G 系统中，MIMO 波束选择问题尤为突出，其中包括多小区 MIMO 波束分配、大规模 MIMO 天线权值优化等问题。寻优空间（包括状态集与动作集）与小区数量之间呈现指数级增长关系，导致计算量急剧上升。在这种情况下，传统的经典计算方法难以承受庞大的计算负荷，在实现大规模的实时优化计算方面显得力不从心。

为了有效解决这一问题，业界正在积极探索新的解决方案。例如，通过引入先进的机器学习算法，对大规模 MIMO 系统进行智能化改造，从而提升其自适应能力和优化效率。此外，还有研究者尝试从算法层面进行优化，设计更高效且适用于大规模 MIMO 系统的优化算法，以降低计算复杂度并提升优化效果。这些努力不仅有助于解决当前 5G 系统中 MIMO 波束选择所面临的困境，也为未来通信技术的持续发展和创新奠定了坚实的基础。

目前，玻色量子联合中国移动研究院共同研究了基于量子计算的 MIMO 波束选择问题，在 5G 通信领域取得了研究突破。波束选择问题实质上是在一系列既定的约束框架内，精心挑选一组波束，以期达到网络性能的最大化提升，例如信号质量的增强和系统吞吐量的显著增大。具体来说，在波束选择的实际应用场景中，目标地理区域通常会被细致地划分为若干个方形网格，而每一个小区中的每一个波束在这些对应的网格上，都会生成一个具有参考价值的信号接收功率数值。因此，波束选择问题的核心任务是尽可能为每个小区搜寻出这样一组波束，使其能够覆盖的网格数量达到最大化，从而确保信号的全面覆盖与强度的均匀分布。波束选择问题属于典型的非确定性多项式困难问题，其复杂程度在5G系统中尤为突出。当系统中包含众多天线，而每个天线又需从成百上千个波束中进行选择时，想要从数十亿种可能的组合中甄选出最优的解决方案，其难度可想而知。量子计算技术的发展为解决这类大规模组合优化问题提供了全新的解决方案，其巨大潜力在于能够实现并行计算，允许在同一时间内对众多解决方案进行并行搜索。研究结果表明，相干伊辛机在解决波束选择问题上展现出明显的优势。对于不同规模的应用场景（网格数从 5～10），求解时间均保持在毫秒量级，并且不会随问题规模的增大而显著增加。量子算法与传统经典算法效率的比值结果如图3-2所示，与模拟退火算法相比，量子求解效率提升了至少2个数量级，与禁忌搜索算法相比也提高了1个数量级。

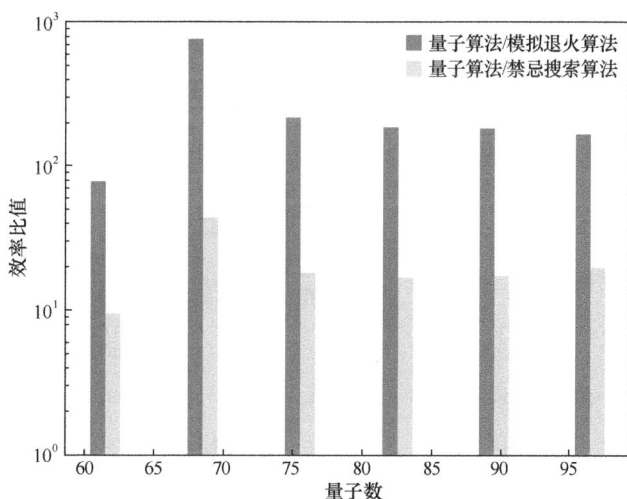

图 3-2　量子算法与经典算法求解效率比值结果

3.2.3 信息安全"攻"与"防"

随着电子商务、移动支付和互联网金融等新兴业务的蓬勃发展，通信与网络技术的应用已经渗入社会生活的各个角落。未来，敏感信息系统保密通信和网络信息安全的威胁将主要来源于三个方面。一是现有的基于计算复杂度来保证密钥和加密信息安全性的保密通信体制将面临高性能计算和量子计算技术的计算破解威胁。二是作为整个信息网络承载基础设施的光纤光缆系统，可能面临物理层的非法入侵与窃听监控，信息泄露和非法窃取将严重威胁高安全级别保密信息的长期安全性。三是网络信息的非法监控窃听活动日益频繁，近年来频繁曝光的监控窃听事件和用户隐私泄露案例，更加深了公众对网络信息安全的担忧与重视。量子信息技术为信息安全的"攻"（密码破译）与"防"（信息加密）提供了新的技术手段。

1. 密码破译

量子时代的到来，给采用经典加密体系的网络信息、金融等重要领域造成了巨大的安全威胁。当前密码体制主要包括两种类型：对称密码体制和非对称密码体制。这两种体制在网络信息安全领域扮演着至关重要的角色，但随着量子计算的不断发展，它们正面临前所未有的挑战，各类传统加密体系在量子环境下的安全强度见表3-1。

表3-1 各类传统加密体系在量子环境下的安全强度

密码体制	密码算法	密钥/输出长度	安全强度		量子算法
			传统计算	量子计算	
公钥密码	RSA-1024	1024bit	80bit	0bit	Shor算法：破解
	RSA-2048	2048bit	112bit	0bit	
	ECC-256	256bit	128bit	0bit	
公钥密码	ECC-384	384bit	192bit	0bit	Shor算法：破解
	SM2	256bit	128bit	0bit	

密码体制	密码算法	密钥/输出长度	安全强度		量子算法
			传统计算	量子计算	
对称密码	AES-128	128bit	128bit	64bit	Grover算法：安全性减半
	SM4	128bit	128bit	64bit	
	AES-256	256bit	256bit	128bit	
杂凑密码	SHA-256	256bit	128bit	64bit	Grover算法：安全性减半
	SM3	256bit	128bit	64bit	

注：公钥密码算法的安全强度为 x bit，意味着其密钥安全性相当于 x bit 的对称加密密钥的安全性。

对称密码体制的特点在于加密和解密过程中使用相同的密钥。这种体制的优势在于加解密速度快、效率高，因此广泛应用于大量数据的加密场景。然而，它的保密性几乎完全依赖于密钥的安全性。一旦密钥泄露，加密的信息将形同虚设，任人予取予求。正因为如此，对称加密体制最受攻击者青睐的手段就是密钥穷举搜索法。密钥穷举搜索法就是尝试所有可能的密钥组合，直到找到正确的那一个。这种方法虽然粗暴，但在密钥长度较短或加密算法存在漏洞的情况下，可能会取得意想不到的效果。然而，随着密钥长度的增加，搜索空间呈指数级增长，传统计算机在有限时间内成功破解的概率变得微乎其微。然而，量子计算的出现改变了这一局面。Grover 算法作为一种量子搜索算法，以其平方级加速的优势引起了密码学界的广泛关注。这种算法能够在更短的时间内遍历更多可能的密钥组合，从而大大提高了密钥穷举搜索法的效率。对于数据加密标准等密钥长度较短的对称密码来说，Grover 算法无疑是一种潜在的威胁。尽管目前量子计算机的实际应用能力仍有限，但这一趋势不容忽视。

与对称密码体制不同，非对称密码体制在加密和解密过程中使用不同的密钥，即公钥和私钥。公钥用于加密信息，可以公开分享；而私钥则用于解密信息，必须严格保密。这种体制的安全性建立在特定的复杂数学问题的基础之上，例如大整数分解和离散对数求解等。这些问题的求解难度对于经典计算机来说是巨大的，因此，非对称密码体制在很长一段时间内被认为是安全的。1994 年，快速分解素数乘积的量子多项式 Shor 算法被提出，成为量子计算信息安全威胁的发端。随着各类型量子计算原理样机研制工作的加速发展，这一威胁正逐步从理论走向现实。2021 年，谷歌报道基于 2000 万位含噪量子物理比特处理器，可在 8 小时内计算破解 RSA-2048 公钥，比之前预估的所需硬件资源减少两个数量级。2022 年 6 月，全球风险研究所发布的《量子威胁时间线报告 2022》中对在 24 小时内能够破解 RSA-2048 的量子计算机问世的可能性进行了估计。半数受访专家认为，这种量子计算机在 10 年内出现的可能性超过 5%，其中有 9 名受访专家认为这种可能性约为 50% 或大于 70%。2022 年 12 月，清华大学和浙江大学联合团队利用量子近似优化算法来优化 Schnorr 算法，仅用 10 个超导量子比特就实现了 48 位整数的分解。实验结果表明，量子计算能够威胁如数据加密标准、高级加密标准等对称加密技术，且几百个量子比特就可能对 RSA-2048 产生攻击，影响信息安全。

尽管目前量子计算样机物理比特数仅为百位到千位量级，距离能够有效运行 Shor 算法仍有较大差距，但近期 IBM 等机构发布的量子计算发展路线图显示，预计到 2033 年，抗量子计算样机会支持在 2000 个逻辑比特上执行 10 亿个逻辑门操作。美国智库兰德公司预测，能够破解密钥的量子计算机可能在 2033 年左右出现。

2024 年，IBM 量子安全加密团队发表论文《量子计算和人工智能的进步可能会影响抗量子密码学过渡时间表》，详细阐述了量子计算（包括量子－经典混合计算）对信息安全产生的威胁。

量子计算可能引发的信息安全风险包含两个方面。一是破坏性风险，量子计算将绕开现有的加密体系，寻找漏洞和后门的迂回攻击模式，升级演变为针对加密体系和密钥进行暴力计算破解的直接攻击模式，将对通信信息安全造成基础性破坏。二是追溯性风险，对于需要长期安全性防护的敏感信息，如解密期限长达数十年的外交军事情报等，可能出现加密信息已被截获存储的问题，目前虽暂时无法破解，但在量子计算技术发展成熟之后，会产生信息破解泄露的风险。

综上所述，密码是保障网络空间信息安全和维护数字信任体系的重要基石，在确保实体身份真实性、数据传输机密性和完整性，以及关键行为不可否认性等方面，发挥着不可替代的作用。对于对称加密算法，如 AES 和 SM4 等，使用能有效运行 Grover 算法的量子计算机可提升密文破解计算效率，但业界认为增加对称密钥长度可有效应对其安全威胁。对于非对称加密算法，如 RSA 和 ECC 等，能有效运行 Shor 算法的量子计算机可快速求解质因数分解和离散对数等算法底层数学难题，从而破解公钥密码，进而对基于公钥密码进行的密钥交换、数字签名和身份认证等诸多加密应用造成严重影响。

2. 信息加密

1994 年，Shor 算法出现，量子计算破解公钥密码开始具备理论可行性，欧美密码学界迅速响应，着手研究应对策略。1996 年，抗量子密码概念和格加密等算法被提出，并在后续 20 年间开展了大量基础理论、算法设计和密码分析层面的研究工作。抗量子密码针对量子计算中量子态叠加和纠缠带来的计算并行性算力优势，升级底层数学难题，设计新型加密算法，从而具备抵抗已知量子计算算法破解能力。格密码和哈希签名等典型抗量子密码算法基于的底层数学难题，面对量子计算攻击具有理论安全性，已在密码学界得到验证。近 10 年来，量子计算发展加速，公钥密码破解的现实威胁更加紧迫，欧美各国加快推动抗量子密码发展。美国国家标准与技术研究院作为现有公钥密码标准的制定机构，高度重视量子计算安全威胁，2006 年起开始组织国际研讨会，成立研究项目组，联合全球密码学界力量共同推进抗量子密码研究。欧洲电信标准化协会在抗量子密码领域发布 10 余份研究、评估和指导报告，组织开展技术测试和示范应用。加拿大建设抗量子密码测试平台，对多种算法和协议开展集成化测试。经过 20 余年的研究和验证，以格密码和哈希签名等为代表的抗量子密码算法和技术初步成熟，具备了实用化能力。

根据抗量子密码算法依赖的底层难题，可以将目前主流的抗量子密码算法划分为五大类别，分别是基于格的算法、基于哈希的算法、基于编码的算法、基于多变量的算法、基于同源的算法。除此以外，还有一些其他方案的抗量子密码算法，如基于 MPC-in-the-head 的算法等。各类抗量子密码算法的特点如图 3-3 所示。

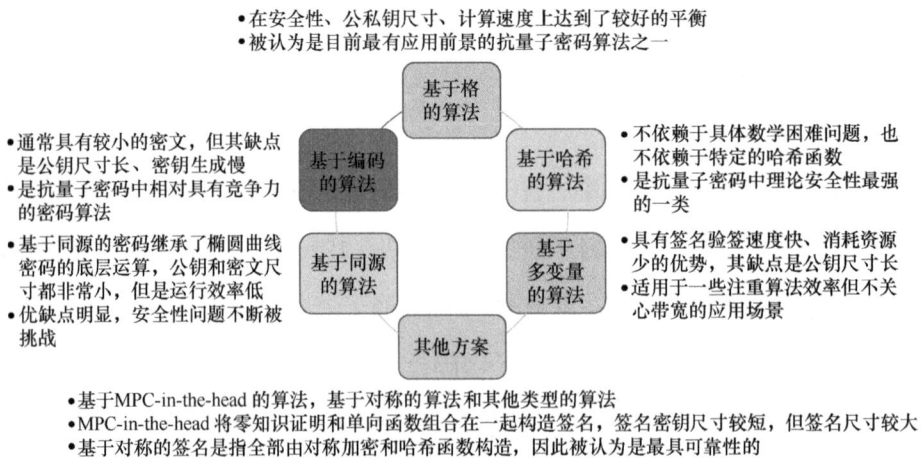

图 3-3 各类抗量子密码算法的特点

美国国家标准与技术研究院于 2016 年 12 月正式启动了抗量子密码算法标准的全球征集与评选工作，先后历时 7 年，经历算法征集、算法评估和标准编制 3 个阶段。2023 年 8 月，在全球 25 个国家提交的 82 项候选算法中，选定了 Kyber、Dilithium、Falcon 和 Sphincs + 4 项算法，作为下一代公钥加密和数字签名等应用的首批抗量子密码算法标准方案，Kyber、Dilithium 和 Sphincs + 3 种抗量子密码算法标准草案已在 2023 年公布。在首批 4 种抗量子密码算法标准选项中，基于格密码的 Kyber 和 Dilithium 算法在业界的认可度最高，加密安全性、密钥大小和运算速度等指标领先，综合性能出众，预计成为大多数加密应用场景中的抗量子密码算法首选方案。基于格密码的 Falcon 算法可用于数字签名，其签名尺寸更小，整体性能更好，但实现复杂度较高，主要适用于硬件资源丰富的加密场景。为了不完全依赖此类算法的安全性，美国国家标准与技术研究院还选择了一种基于哈希的 Sphincs+ 数字签名算法，但其签名尺寸大、运算速度较慢，预计是数字签名应用的一种补充性方案。此外，美国国家标准与技术研究院还在持续组织针对抗量子密码数字签名算法的新一轮征集，未来可能还会选择其他抗量子密码算法方案推进标准化建设。

虽然抗量子密码研究已持续近 30 年，近期在算法评估和标准化建设方面也取得初步进展，但由于对量子计算硬件和破解算法的研究仍不充分，业界对于现有抗量子密码算法能否完全抵御量子计算的破解仍有一定顾虑。美国国家标准与技术研究院在抗量子密码算法标准化过程中选择多种算法方案，并持续进行征集评估，既有适用于不同应用场景的灵活性考虑，又有安全性考虑。对抗量子密码算法安全性的评估和验证将是伴随抗量子密码迁移与应用全生命周期的持续性工作。2023 年 4 月，清华大学提出破解格密码的量子算法，法国巴黎文理研究大学提出可削弱格密码中 N 次截断多项式环结构复杂性的量子启发算法，虽然这些攻击算法的有效性还有待密码学界的深入评估和验证，但对抗量子密码算法安全性的挑战引发了业界的高度关注。此外，由美国国家标准与技术研究院主导和美国国家安全局深度参与制定的抗量子密码算法标准，在相关应用产品和服务中是否会存在可被利用的"后门"的疑问，也给抗量子密码的应用安全性带来了不确定性。

随着抗量子密码算法标准化初步落地，美国开始加快推进抗量子密码迁移，科技巨头也率先推出抗量子密码加密应用产品和服务。美国发布多项行政令和法案，确立抗量子密码迁移的重要地位，在明确战略目标、提供资金保障、制定实施方案等方面形成推动迁移落实的组合拳。2022 年 5 月，美国总统签署国家安全备忘录，要求在 2035 年前完成抗量子密码迁移。2022 年 12 月，《量子计算网络安全防范法案》正式生效，为美国政府信息系统抗量子密码迁移提供拨款。2023 年 8 月，美国国家安全局和美国国家标准与技术研究院等联合发布了《量子准备：抗量子密码迁移》指南，对业界开展抗量子密码迁移工作给出整体指导意见。2023 年 9 月，美国国家网络安全中心启动了"抗量子密码迁移项目"，明确迁移工作流程，该项目同时推荐 IBM、亚马逊、思科、SandboxAQ、PQShield 等 28 家供应商的抗量子密码技术产品与服务。在美国政府的支持下，谷歌、苹果等开始推出抗量子密码产品和应用。2023 年 8 月，谷歌宣布 Chrome 浏览器开始支持抗量子密码加密服务，用于保护客户端与服务器安全通信。2024 年 2 月，苹果公司采用基于格密码的抗量子密码技术对 iMessage 通信平台进行安全性升级。2024 年 3 月，AMD 推出首款支持抗量子密码算法的 FPGA SoC 产品 "Spartan UltraScale+"。在抗量子密码升级迁移和应用的初期阶段，加密应用供应商普遍采用传统公钥加密算法和抗量子密码算法并用的"两把锁、双保险"混合加密模式进行迁移，未来逐步过渡到仅使用抗量子密码算法加密模式。

　　抗量子密码技术要从算法标准走向产品应用，还需要进行大量产品级和系统级的研究开发、测试验证和更新适配等工作，才能明确密钥、密文和签名参数设置，以及计算处理和故障处理等能力要求，完成与目标系统架构和环境的适配和升级。开展抗量子密码升级迁移是一项复杂的系统工程，大致可分为迁移需求分析、迁移方案制定和示范应用推广 3 个主要阶段。首先，抗量子密码迁移需求分析包括明确信息系统标准、软硬件模块、密钥管理软件和代码等方面的抗量子密码升级需求和迁移清单，针对需求清单分析算法性能、带宽、存储等技术需求，研究算法替换与补偿方案。其次，抗量子密码迁移方案制定需要根据需求清单分析不同信息系统安全生命周期和迁移优先级，同时还要根据不同系统制定具体迁移实施方案，设立示范应用项目，并为信息系统使用方提供技术产品支持和迁移指导。最后，根据抗量子密码在重点行业领域升级迁移的示范应用成效和问题，逐步推动其他相关行业领域的信息安全系统迁移，完成各行业抗量子密码整体升级。

3. 量子保密通信网络

　　将量子密钥分发密钥与 AES 和 SM4 等对称加密算法结合，可实现信息加密传输，这种通信方式也称为量子保密通信。量子保密通信的主要优势在于：一方面，量子密钥分发生成的对称密钥具有物理学原理保障的安全性，密钥分发过程不会受到量子计算破解威胁；另一方面，使用量子密钥分发密钥可提升对称加密算法中的会话密钥更新速率。通过增加对称加密算法中的会话密钥长度和提升密钥更新速率，可以增强量子保密通信系统的密文在面对量子计算攻击时的整体安全性。对于具备城域点到点光纤专线的专网场景，可以采用量子密钥分发实现对称密钥生成，基于预置共享密钥进行身份认证，同时使用一次一密的逐比特加密方式生成密文，提供更高安全等级的量子加密应用。

近年来，我国在量子保密通信领域的网络建设和示范应用方面取得了显著进展。中国科学技术大学团队和相关企业积极推进"京沪干线"和"国家广域量子保密通信骨干网络"等重大量子密钥分发网络项目。同时，中国科学技术大学的团队与企业合作，成功构建了从合肥至芜湖的"合巢芜城际量子密码通信网络"，以及跨越南京至苏州、全长近600km的"宁苏量子干线"。此外，华南师范大学的团队与清华大学团队联手，在粤港澳大湾区展开了"广佛肇量子安全通信网络"的建设工作。这些成就标志着我国在量子密钥分发网络建设和示范应用上的数量和规模已位列全球前茅。截至目前，我国的"国家广域量子保密通信骨干网络"已覆盖超过10000km，涵盖京津冀、长三角、粤港澳大湾区、成渝、东北等多个重要区域，涉及17个省市的约80个城市。该网络还与上海、重庆、广州等地的量子卫星地面站实现了连接，从而具备了将服务范围扩展至海岛、境外等光纤无法覆盖区域的能力。

量子保密通信在行业网中的应用模式如图3-4所示，运用量子密钥于业务系统应用层以实现数据的加解密。在此情形下，量子密钥被视作一种可由用户直接调用的"密钥资源"，进而实施统一的管理与调度。

为了推动这一方案的实际应用，构建了量子密钥分发系统。该系统由两大核心组件构成：量子基础设施和量子密钥管理系统。

量子基础设施根据各业务节点的实际需求，在不同节点上实施了相应的部署策略。各地的量子密钥分发装置通过专门的量子网络（例如结合本地量子城域网的量子"京沪"干线）实现了相互连接与信息交换。利用量子密钥分发技术，能够在各地节点之间生成量子密钥，这些密钥随后会被上层的量子密钥管理系统调用。

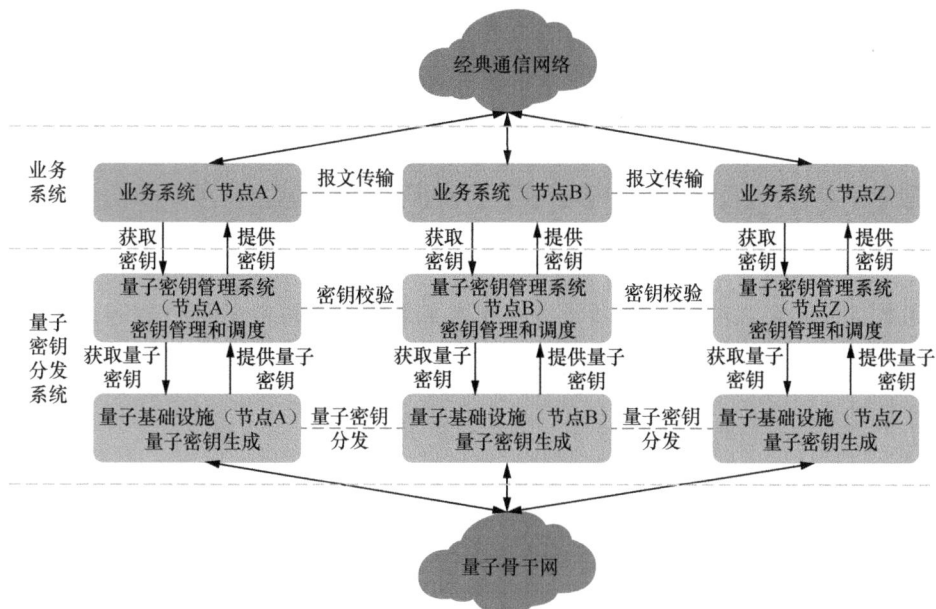

图 3-4　量子保密通信在行业网中的应用模式

　　量子密钥管理系统担负着从量子基础设施中获取并管理量子密钥的关键职责。该系统对获取的密钥进行统一管理与分配，并通过标准化接口为外部接入的业务系统提供密钥分发服务。这一系列流程保障了量子密钥能够顺利从量子密钥管理系统传送至业务系统，从而确保整个量子通信过程的安全与高效。

　　在业务层面，通常采用基于互联网安全协议（IPSec）或传输层安全协议（TLS）的虚拟专用网络（VPN）等技术来执行数据报文的加密操作，从而确保数据传输的安全性。

　　但是也需要看到，量子保密通信技术在工程和应用层面还存在一些局限性，这部分内容将在 4.4 节中详细阐述，此处不再赘述。

4. 云服务平台

随机数是统计学和密码学等领域的重要资源，在模拟仿真、信息加密等应用场景中发挥着不可替代的作用。能够产生随机数的设备被称为随机数发生器，其技术方案多种多样。其中基于软件算法的随机数发生器，如线性反馈移位寄存器等生成随机数的设备被称为伪随机数发生器，其优点是简单易行，统计特性能满足初级应用需求，但其本原多项式和初值等特性导致不可预测性较差，较难满足密码学等高级应用需求。基于硬件随机过程的随机数发生器，如基于电路噪声和热噪声等来制备随机数的设备被称为真随机数发生器，其优点是物理随机过程提升了不可预测性，但其建立严格的随机性理论模型困难，且生成速率较低。

利用量子物理体系的内禀随机性，如量子态坍缩等生成随机数的设备被称为量子随机数发生器，由量子力学理论模型保证其真随机性，同时随机数生成速率可达更高水平。

量子随机数发生器包含量子态制备与测量、后处理信息压缩、状态监测等基本功能模块。其中，量子态制备与测量产生随机熵源信号，可采用多种方案，其中技术成熟度和商用化发展水平较高的是相位涨落、真空态涨落、放大自发辐射噪声等。相位涨落量子随机数发生器以临界工作状态激光器产生自发辐射光子，通过干涉仪将光子信号中的相位涨落转化为强度涨落，经光电探测后输出熵源信号。真空态涨落量子随机数发生器通过本地本振激光器对真空态输入信号进行干涉测量和平衡零差探测，以获得熵源信号。放大自发辐射量子随机数发生器对放大自发辐射噪声光源，如超辐射二极管等，直接进行光电信号探测得到熵源信号。量子随机数发生器的后处理过程中可采用多种随机数提取方案，但推荐用具备量子信息侧信道消除能力的强提取器，如 Toeplitz 提取器和 Trevisan 提取器。此外，量子随机数发生器还具备量子熵源状态和输出序列随机性检测等状态监测功能，可为系统正常运行和稳定工作提供保障。

与量子密钥分发相比，量子随机数发生器系统的光电子学组件简单，后处理协议的复杂度低，具备集成度高、可靠性高、成本低的优势。但是量子随机数发生器仅具备本地化的量子随机性提供能力，并不能直接生成密钥，而量子密钥分发能实现更高安全性的量子随机性"拉远"，并在收发双方之间直接生成共享密钥。基于量子随机数发生器产生的高速率、高质量随机数源，其可替代传统公钥密码体系的伪随机数发生器，用于数据库加密、用户身份认证、虚拟专用网加密等多种类型的加密任务，从而提升信息系统的整体安全防护水平，有望成为未来量子技术在信息安全领域应用的另一个重要发展方向。

阿里云智能商务集团基于多款商用化量子随机数发生器构建了量子随机数云平台，该平台在智能网关和数字金融等场景的虚拟专用网中，提供密钥随机数源和身份认证等服务。

面对众多不同类型的量子随机数发生器，终端用户往往难以理解其底层原理，也难以熟练掌握不同设备的各种 API。此外，业内缺乏通用的量子随机数发生器标准和验证技术，无法准确地评估量子随机数发生器设备的质量和性能。单独的量子随机数发生器设备通常缺乏实时随机性检查，无法为对稳定性要求极高的在线安全应用提供可持续的随机数服务。高质量的量子随机数服务应能够适配不同接口、不同类型的量子随机数发生器设备，并实现即插即用，即使部分设备发生故障也能维持正常的服务状态。

阿里巴巴基于其云服务器搭建了量子随机数云服务平台，该平台可由 4 种不同类型的量子随机数发生器设备（包括基于单光子检测、光子计数检

测、相位波动和真空波动 4 种物理实现方案）提供随机数服务，如图 3-5
所示。该平台集成了实时后处理和随机性监控模块。生成的随机数被输送
到阿里云服务器上的应用程序或远程访问进行数据加密，具有不同的安全
级别和随机数生成速率。

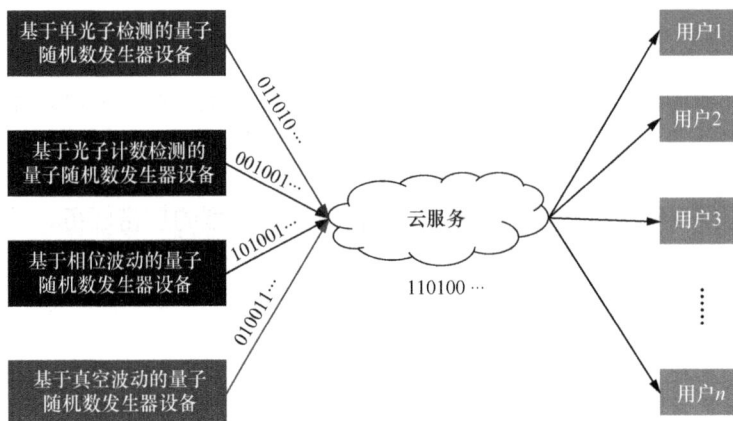

图 3-5　量子随机数云服务平台示意

阿里巴巴的量子随机数云服务平台包含以下功能。

① **数据导入**：云平台通过各种接口（例如 PCIe、USB、以太网等）从
各种量子随机数发生器设备接收量子随机数。在线的随机数服务器提供标
准接口（RESTful 或 gRPC API），同时允许用户直接从网站下载随机数。
随机数的请求大小可以根据需求定制，API 兼容二进制序列、文本、ASCII
等多种数据格式。

② **随机性提取**：评估来自不同熵源的输入随机数的随机性。

③ **按位异或**：对来自两个或多个量子熵源的随机数执行按位异或操
作。对于每串 n 比特的随机序列 $X_i(n)$，输出随机序列 $Y(n) = X_1(n) \oplus X_2(n) \oplus X_3(n) \oplus \cdots$，此步骤是可选的。

④ **随机性测试**：平台执行定期的实时熵估计测试（NIST SP 800-90B），以评估量子随机源的非独立同分布熵，并执行美国国家标准与技术研究院随机性测试（NIST-800-22）以验证生成的随机数的质量和状态。

⑤ **身份认证**：云服务器根据请求，使用预共享密钥对最终用户进行身份认证。

⑥ **数据下载**：用户根据需要，使用传统的加密协议（如SSL/TLS）以明文或密文形式下载随机数。

对于金融服务等安全性要求较高的应用，平台通过按位异或输出，对来自4个量子随机数发生器设备的随机数进行组合。在此方案中，高效的冗余机制确保只要有一台量子随机数发生器设备处于正常工作状态，系统就能持续稳定地对外提供优质的随机数服务。这种设计显著提升了系统的可靠性和稳定性，为用户提供了强有力的支持。在应用过程中，由于部署了多样化的量子随机数发生器设备，网络攻击者企图遍历所有设备以发现漏洞，其难度系数显著提升。未来，平台中将添加更多的量子熵源，以进一步提高实施层面的安全性。

3.3 生物医疗领域

3.3.1 新型药物研发

量子计算作为一种全新的计算模式，以其独特的并行性和对复杂系统的模拟能力，给生物医药领域带来了革命性的变革。其应用不仅可能改变药物研发、疾病诊断和治疗的传统模式，还有望解决一些长期困扰医学界的难题。药物研发是一个复杂且耗时的过程，涉及大量的分子筛选和临床试验。而量子计算的出现，使这一过程大幅加速。利用其超强的并行计算能力，量子计算机有望在极短的时间内完成对庞大化合物库的高通量筛选，从而快速识别出具有潜在药物活性的分子。这不仅缩短了药物研发周期，还有望发现采用传统方法难以触及的新型药物。

分子对接技术以配体受体识别的锁钥模型为基础，该技术旨在通过精细计算配体与受体之间的空间互补程度和能量匹配情况，来探寻它们的复合物结合模式。在药物设计领域，这项技术因其独特的优势而备受推崇，其应用方式可进一步细分为刚性对接、半柔性对接、柔性对接。传统的药物筛选流程不仅成本高昂，而且成功率较低（往往在 10% 左右）。随着近年来分子建模工具的不断进步，以及蛋白质与小分子复合物解析结构数据的日益丰富，基于结构的药物设计策略已逐渐成为新药研发领域的主流路线之一。然而，传统模型在筛选过程中面临时间冗长和最优解难求的挑战，直接导致了先导化合物筛选阶段假阳性率的抬升，进而加重了药物研发的整体经济负担。玻色量子联合上海交通大学开展了基于量子计算机实现分子对接的相关研究。研究表明，相干光量子计算机在解决特定问题方面拥有显著优势。该研究针对分子对接中的采样问题，构建原子特征匹配和网格点匹配方法，并在相干光量子计算机上实施精确求解。目前，此类计算机的最大求解规模已远超该算法模型在比较评估评分函数数据集上应用所需的比特数。值得一提的是，相干光量子计算机在采样环节的运行时间仅为毫秒量级，相比经典计算机，其效率提高了至少 3 个数量级。因此，该研究提出的算法模型具有巨大的实用潜力和应用价值。

基因靶向药物是未来药物研发领域的热门方向。若某种药物分子具备阻断特定疾病相关基因表达过程的能力，它便有可能成为治疗该病症的靶向药物。上海图灵智算量子科技有限公司（简称"图灵量子"）利用癌症基因表达数据集与量子监督对抗自编码网络技术，展开了一项关于老药新用的研究。这项研究所运用的量子算法能够通过量子编码器、解码器、判别器的有效配合，精准提取输入分子的结构信息，并进一步识别这些结构是否能与特定的基因片段相结合，以阻断其表达过程。通过这一方法，研究团队成功标记出与治疗无关的分子基团，从而为药物的后续重新设计提供了有力的依据。结果表明，在 11bit 的量子判别器线路中，模型的运行效率显著提升。随机抽取样本处理的效率提升了 6 倍，整个分子结构生成上的多样性提升了 214%。

　　量子计算在生物医药领域的应用具有深远的意义。它不仅有望解决药物研发、疾病诊断和治疗等领域的诸多难题，还将推动整个医疗行业的创新和进步。随着量子技术的不断发展和成熟，量子计算将为人类的健康事业带来更多的福祉。

3.3.2　新型病理检测

　　生命科学技术的发展已为人类社会带来了深远的变革。通过这项技术，研究人员得以更深入地了解生物体的代谢机制，实现了疾病的精准诊断与高效治疗，同时还大幅提升了农业产出。而如今，随着与信息技术等学科的交叉融合日益加深，生命科学技术正迎来新的革命性发展。其中，量子精密测量技术以其独特的优势，有望在生命科学领域引发新一轮颠覆性创新。

　　在临床医疗实践中，量子磁力仪的应用范围日益拓展。它不仅有助于心血管疾病，如冠心病与心肌缺血等的早期筛查与治疗预后监测，还在神经康复监测、脑科学研究、脑认知探索、脑机接口开发、脑疾病精准诊断、细胞原位成像等前沿领域展现出巨大的潜力。现阶段，心磁图与脑磁图已成为量子磁力仪在临床医学中的两大主要应用方向，它们为医疗诊断的精准度和治疗的有效性提供了有力支撑。

心磁图仪的发展历程可概括为超导与非超导两大阶段，其整体进步受到人类磁场测量技术水平的制约。在超导心磁图仪领域，一些传统的超导技术领先国家，如德国、加拿大、日本、美国、英国及芬兰，均有企业提供全面的系统解决方案。这类仪器利用多通道系统，不仅能诊断心肌缺血，还能有效地识别心律失常。尽管超导心磁图仪已通过一阶梯度技术实现了心磁数据的采集，且其临床效用得到了验证，但高昂的售价和维护成本仍阻碍了其广泛的临床应用和推广。此外，定期补充液氦以确保磁场传感器的稳定运行，进一步增加了其使用成本。鉴于此，全球科研人员致力于探索替代技术，其中最主要的难题在于如何提高磁场探测的灵敏度，以捕捉心脏产生的微弱磁场信号。值得一提的是，2022年，东京工业大学工程学院的研究团队发布了一项重要成果，利用基于金刚石中氮空位中心系综的量子传感器，以毫米级的精度对开胸活体大鼠标本进行了心磁信号的侵入式测量。这项研究为心磁图仪的未来发展开辟了新的途径。

美国GENETESIS公司在2017年采购了QuSpin公司生产的原子磁力仪，以此为基础着手研发基于原子磁力仪的心磁图仪。经过努力，该公司成功推出了全球首台非超导式心磁图仪，该仪器运用了原子磁力仪技术。此产品在2019年通过了美国食品药品监督管理局的510（K）认证，随后在2020年12月荣获美国食品药品监督管理局授予的"突破性影像设备"资质认证。而在2022年4月，我国也紧跟国际步伐，为北京未磁科技有限公司（简称"未磁科技"）研发的36通道原子磁力仪心磁图仪Miracle MCG颁发了国内首张，同时也是全球第二张基于原子磁力仪的心磁图仪医疗器械注册证，标志着我国在该领域的重要进展。该产品陆续在首都医科大学附属北京安贞医院/国家心血管疾病临床医学研究中心、中南大学湘雅医学院、广东省人民医院等部署使用。此后，杭州极弱磁场国家重大科技基础设施研究院与杭州诺驰生命科学有限公司共同研发的原子磁力仪心磁图仪也于2022年12月获得Ⅱ类医疗器械注册证。

脑磁图仪的研发与应用起初是基于超导量子干涉仪方案。早在1968年，美国物理学家科恩就利用多匝感应线圈在磁屏蔽室内成功探测到人类大脑的阿尔法波信号。而到了1972年，科恩借助超导量子干涉仪技术，进一步成功探测到脑磁信号，这一重大突破被视为现代脑磁图仪的起点。自20世纪80年代起，商业化脑磁图仪开始涌现，并由最初的单通道系统逐步演变为覆盖全脑的300多通道的成熟系统。

随着科技的发展，非超导式脑磁图仪的研究和应用也在全球范围内逐步展开。2021年，俄罗斯的研究团队联合开发了一种新型室温固态量子传感器——钇铁石榴石磁力仪（YIGM），该传感器可在室温条件下工作，拥有广泛的动态范围，其理论灵敏度极高，加之其紧凑的尺寸和其他特性，使其成为多通道脑磁图应用的理想选择。该研究团队还使用YIGM进行了人脑α节律采集试验，并与光泵磁力仪的结果进行了比对，两者结果相吻合。另外，英国的研究机构也通过其衍生公司开发出一种可穿戴的无自旋交换弛豫光泵浦磁力仪，专门用于脑磁图的探测。该设备现已被安装在多伦多儿童疾病医院，用于孤独症的创新研究。这种"可穿戴"特性意味着患者在扫描过程中可以自如移动，同时设备能适应不同头部尺寸，加之其非低温工作环境和轻巧耐磨的特性，特别适合儿童和运动障碍患者使用，因此该设备在功能性神经成像领域具有革命性意义。

2023年11月，首都医科大学附属北京天坛医院团队成功完成了全球首例在无液氦脑磁图运动功能区定位辅助下的胶质瘤切除手术。该手术患者为一位肿瘤影响已波及大脑运动功能区的年轻女性。在术前阶段，团队分别采用无液氦脑磁图仪和功能核磁共振技术，对患者的上肢运动功能区进行了详尽的定位。而在术中，借助先进的神经导航系统，团队进一步运用被视为"金标准"的术中皮层电刺激技术，对运动功能区定位进行了验证。经过比对，无液氦脑磁图仪的定位表现超越功能核磁共振，其结果与皮层电刺激数据有着高度一致性，如图 3-6 所示。得益于这次精准的肿瘤切除手术，患者的运动功能被完整保留，术后患者已重返社会并恢复正常生活。此次手术的成功不仅展示了无液氦脑磁图仪在临床应用中的准确性，也标志着医学界在脑胶质瘤治疗领域迈出了重要的一步。2024 年 2 月，华中科技大学同济医学院附属同济医院神经外科团队完成了全球首例无液氦脑磁图定位核磁阴性难治性癫痫手术，解决了核磁阴性癫痫常规影像学检查无法定位致痫病灶的问题。

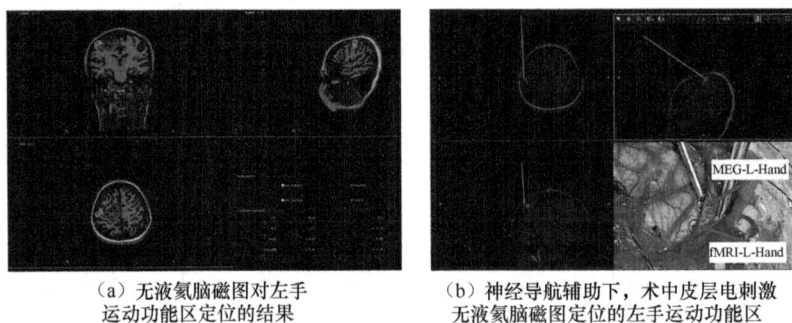

（a）无液氦脑磁图对左手
运动功能区定位的结果

（b）神经导航辅助下，术中皮层电刺激
无液氦脑磁图定位的左手运动功能区

图 3-6　无液氦脑磁图肿瘤定位结果

除了对心磁、脑磁信号进行探测和成像，量子精密测量技术对神经信号的探测可以辅助假肢、外骨骼的动作控制。2024 年 4 月，德国量子技术公司 Q.ANT 发布了一款新型量子传感器，该传感器通过检测磁场信号来感知微弱的电流。Q.ANT 公司团队在汉诺威博览会上展示了如何利用该传感器检测人体肌肉信号并传输给假肢控制系统，使得假肢能够在数毫秒内完成握拳动作。

量子精密测量技术在病理组织成像和病毒检测等领域具有广阔应用前景。传统的光学成像方法，如 H&E 染色等，常受背景干扰、信号不稳定等因素的影响，导致检测准确性受限。虽然磁共振成像技术能够在一定程度上解决这些问题，但其灵敏度和分辨率低，难以实现微米级的精细成像。2022 年，中国科学技术大学研究团队通过一种创新的组织水平免疫磁标记方法，利用抗原－抗体识别机制，将超顺磁颗粒标记在肿瘤靶蛋白上，再将组织贴于金刚石表面，用 NV 色心作高灵敏磁传感器，在 NV 显微镜下高精度成像。该技术实现了微米级分辨率，并通过深度学习重构磁矩分布，助力定量分析。

2021 年，麻省理工学院报道了一种基于量子精密测量的 SARS-CoV-2 病毒检测新方法。该方法利用 NV 色心构成的分子传感器，将 SARS-CoV-2 RNA 的存在高效转化为可光学读取的磁噪声信号。这一检测方式不仅速度快，而且有望实现高达数百个 RNA 拷贝的极高灵敏度，同时将假阴性率控制在 1% 以下。值得一提的是，通过调整使用的固态缺陷和涂覆材料，该方法还有望应用于其他 RNA 病毒的检测。这种基于量子技术的检测方法在速度、成本和准确性方面均有望超越现有的所有检测方法。

生命体征的实时监测在智慧医疗中也有重要应用价值。目前相关检测大多基于接触式设备，给应用推广造成了不便。2023 年，悉尼大学团队发明了一种用于非接触式生命体征检测的光子雷达，它利用经人体胸腔反射信号的多普勒效应来监控人的呼吸频率、幅度或心率，可对呼吸骤停和吸气性呼吸困难等呼吸系统疾病进行早期检测，并对潜在健康问题进行提示和报警。

3.4 工业制造领域

3.4.1 工业流程优化

基于量子计算的工业流程优化应用在提升效率、降低成本、增强可控性、推动技术创新与产业升级等方面具有十分重要的潜在价值。

以洛杉矶港口为例，其作为美国最大的船运货物处理港口，每天都承载着繁重的运输任务，因此转运效率格外重要，一分一秒的延误都可能带来巨大的经济损失。

一般情况下，集装箱从货轮卸下后在港口被排列成6箱宽、3～5箱高的一排，整个区域大约800m长。之后由橡胶轮胎门式起重机按需操纵单个集装箱，将其转移到卡车上进行下一步转运。但是运维人员发现，由于集装箱是随机堆放的，起重机可能需要花费数个小时才能找到指定的货物并将其转运到相应的卡车上。如果想加快进程，就需要增加起重机和操作工人的数量，但是会进一步导致成本增加。

为了对洛杉矶港口的物流进行优化，港口运营商 Fenix Marine Services 与量子计算和数据优化公司 SavantX 合作开发了一款"超优化节点效率引擎"调度平台，该平台调用 D-Wave 量子退火机来解决组合优化问题。

传统调度方式是起重机找到指定集装箱后将其转移到卡车所在区域，再由卡车转运。这种方式不仅低效，而且增加了起重机的负荷，容易引发故障。SavantX 的解决方案中首先实现卡车进场的预约制，再根据预约情况，通过优化调度算法将卡车调度到起重机所在区域进行货物装载，极大地提升了装卸效率，同时降低了起重机的工作负荷。但是调度算法的设计面临很多挑战，随着卡车数量的增加，问题复杂度不断攀升，同时还需要考虑外部交通或其他因素导致卡车错过预约时段等问题。开发人员发现，随着问题复杂度的增加，量子计算的优势愈发明显。当每台起重机对应少于 4 辆卡车时，经典计算和量子计算性能大致相同；当超过 4 辆卡车后，量子计算具有明显的加速优势。同时，量子计算的计算时长不会随问题规模的扩大而显著增加。

在实际运行的 3 年里，数据表明，在使用该平台后，码头在卸货过程中使用的起重机资源减少了近 40%，每台起重机每天的平均行驶距离从 8900m 缩短至 6200m，起重机的交付量也增加了 60% 以上，到达码头的每辆卡车接收货物的时间减少了近 10min，如表 3-2 和图 3-7 所示。

表 3-2　量子计算优化港口物流结果

指标	结果		
	优化前	优化后	差异
每台起重机每天的交付量/个	60	97	↑37
卡车每天的周转时间/min	66	58	↓8
起重机利用率	45%	72%	↑27%
起重机每天的平均行驶距离/m	8900	6200	↓2700

图 3-7　量子计算优化港口物流示意

3.4.2 器件无损探伤

量子磁力仪作为一种高精度测量工具，在工业检测领域尤其是在无损探伤方面具有显著的应用价值和广阔的前景。

当金属材料内部存在缺陷时，缺陷处的电导率会发生微小的变化。如果在待测金属材料上施加交流电，缺陷处则会产生磁场梯度，这种微弱的磁场变化可以被量子磁力仪感知，由此确定材料缺陷的部位和尺寸。这种高精度的测量能力意味着能够更准确地检测出材料内部的微小缺陷，例如裂纹、杂质、结构异常等。相较于传统的无损探伤技术，如超声检测、射线检测等，量子磁力仪不仅提高了检测的精度，还拓展了可检测材料的范围。量子磁力仪的非接触式测量方式也为其在无损探伤中提供了新的手段，同时避免了因接触而产生的潜在损伤或污染。这种无损且无创的检测方式对于高价值或易损材料的检测尤为重要。量子磁力无损探伤在航空、材料等诸多工业领域具有较高应用价值，有望在近期实施使用。

在工业生产中，产品质量是企业的生命线。量子磁力仪的应用能够显著提升产品质量检测的准确性和效率，从而帮助企业降低废品率，提高生产效益。通过及早发现产品内部的潜在缺陷，企业可以在问题扩大之前采取补救措施，避免因产品质量问题而引发退货、索赔等经济损失。同时，量子磁力仪的高效率检测还意味着可以缩短产品的检测周期，加快生产节奏。在市场竞争日益激烈的今天，能够快速响应市场需求、及时交付高质量产品的企业无疑将更具竞争优势。以锂电池应用案例为例，在锂电池生产过程中，原材料的铁磁性杂质含量是影响电池性能和健康状态的重要因素，要求严格控制在百万分之一量级。传统锂电池生产线依靠电磁吸附技术进行铁磁性杂质去除，结合抽样方式进行检测，检测耗时长、过程烦琐且漏检率高。金刚石色心磁场测量技术可以实现高灵敏度、非接触和实时的铁磁性杂质检测，结合多级电磁除杂装置，可以有效提升锂电池产品质量和生产效率。另外，锂电池漏电流在实际应用中具有巨大的安全隐患。传统检测方式测量电池的自放电率，即将充满电的电池存放数周后再测量其剩余电量，这种方式极大地增加了仓储时间和成本。金刚石色心磁力仪可利用非接触方式测量锂电池漏电流导致的微弱磁场变化，有望将锂电池漏电流检测时间从数周缩短到分钟级，实现"即产即检"。

量子精密测量技术在工业检测尤其是在无损探伤领域的应用意义重大，前景广阔。它不仅引领了技术革新的潮流，还为企业带来了显著的经济效益和安全保障。随着技术的不断进步和应用的深入拓展，量子精密测量必将在工业检测领域大放异彩，为社会的科技进步和产业升级贡献重要力量。

3.5 交通物流领域

3.5.1 运输线路优化

在当今科技飞速发展的时代，导航系统已成为出行的得力助手。导航系统的普及为出行带来了极大的便利，人们不需要再依赖记忆或问路，只需在导航系统中输入目的地地址，便可轻松获取详细的路线指导。导航系统不仅可以规划最佳路线，还能实时更新路况，帮助用户避开交通拥堵。

尽管越来越多的人开始使用导航系统，城市拥堵问题却依然普遍存在，这背后有多方面的原因。首先，城市化进程的加速导致人口和车辆数量激增，而道路基础设施的建设往往跟不上这种增长的速度。尤其是在一些大城市，土地资源紧张，道路扩建的难度和成本都非常高。因此，即便有了导航系统的引导，车辆仍然需要在有限的道路空间内竞争行驶，拥堵现象自然难以避免。其次，出行习惯和路线选择也是造成拥堵的重要原因之一。在导航系统的指引下，虽然能够避开一些明显的拥堵点，但当大量车辆都选择相同的"最佳路线"时，原本畅通的道路会变得拥堵不堪。这就是所谓的"导航系统引导的拥堵"，即导航系统在帮助个体优化出行的同时，也可能导致整体交通状况的恶化。此外，导航系统使用不当也会加剧拥堵。有些人在开车时过于依赖导航，忽视了实际路况的变化，从而导致在复杂道路或突发情况下反应迟缓，甚至引发交通事故。这些事故往往会占用道路资源，进一步加剧交通拥堵。

在这一背景下，利用量子计算规划运输线路以避免拥堵显得尤为重要，其不仅具备理论价值，更有着深远的现实意义。在交通运输领域，量子计算的应用有望实现对庞大交通数据的快速处理和分析，从而更加精准地预测和规划运输线路。这一点在避免拥堵方面尤为关键，因为拥堵往往源于交通流量的不均衡和道路资源分配的不合理。通过量子计算，导航系统根据当前的交通状况，及时调整运输策略，以最优的方式分配道路资源，从而有效避免拥堵的产生。

德国大众汽车公司利用 D-Wave 量子退火机展示了一种运输线路规划方案。该方案可以稳定地引导驾驶员在优化路线上行驶，并且能够根据路面状况实时更新。在该案例中，德国大众汽车公司选取了一支参加 2019 年葡萄牙里斯本网络峰会的巴士车队进行路线规划。路线规划过程中面临着诸多挑战：峰会会场位于城市的边缘，距离市中心十几千米，并且沿途交通拥堵；里斯本的街道狭窄又曲折，有些街区巴士甚至难以穿越。

德国大众汽车公司的解决方案是开发一款基于安卓的应用程序，定期与基于云的量子网络服务平台进行通信，并使用 D-Wave 量子退火机求解优化问题。根据当前的交通状况，量子退火机为运行该应用程序的公交车司机提供前往目的地的最佳路线。路线优化过程中既需要避开拥堵路段，又需要尽可能快速地穿越城市到达会场，并且尽量避开陡峭的山路和狭窄的单行路。在会议筹备期间，德国大众汽车公司确定了 3 条公交线路，共设 23 个站点，这些线路为与会者在峰会会场、参会代表住宿地和城市其他主要目的地之间提供最佳覆盖。

在为期 4 天的会议期间，德国大众汽车公司巴士车队的 9 辆巴士完成了 162 次平台导航行程。平台规划这些路线需要解决共计 1275 项优化任务，3 条公交线路没有一条始终遵循相同的路线，而是根据实时路况进行动态调整。

此外，日本量子计算初创公司 Groovenauts 和三菱地产株式会社联合将量子计算应用于垃圾回收线路优化。研究团队在辖区内选取了 26 个地点作为研究对象，收集每栋建筑租户公司和人员数量、垃圾回收规定、运输车辆规格，以及每栋建筑产生的每种垃圾的数量、收集路线、所需的人工时间和收集频率等信息，并且结合天气数据（温度、湿度、降水量等）和其他因素构建预测模型，对每个地点未来几个月产生各种垃圾的数量进行预测。然后团队利用量子计算优化出一条所需车辆（或人工）最少、距离最短的垃圾回收线路。结果表明，该系统能够准确地预测垃圾数量（准确率约 94%），利用量子退火机，垃圾收集路线从约 2300km 缩短至 1000km，车辆数量减少约 59%。从而使二氧化碳排放量减少约 57%，见表 3-3。

表 3-3　量子计算优化垃圾回收路线结果

指标	优化前	优化后	差异
总里程/km	2296.2	1004.2	↓1292.0
车辆数量/辆	75	31	↓44
工作时长/min	8650.9	5372.2	↓3278.7

3.5.2　新能源汽车电量实时监测

随着科技的不断进步和环保理念的深入人心，新能源汽车逐渐成为汽车市场的重要力量。其中，电池作为新能源汽车的"心脏"，其性能与状态直接关系到车辆的续航里程、安全性和使用寿命。因此，对于新能源汽车电池电量的实时监测尤为重要，其重要性主要体现在以下几个方面。

① 电池电量的实时监测是保障新能源汽车安全行驶的关键。电池作为一种不稳定的电化学系统，其内部状态是动态变化的。过充、过放、温度过高等异常情况都可能引发电池性能衰减甚至自燃等安全事故。通过实时监测电池电量，可以及时发现并处理这些潜在的安全隐患，确保车辆在各种行驶条件下都能保持稳定的电池状态，从而大大降低安全事故发生的概率。

② 电池电量的实时监测有助于提升新能源汽车的续航里程估算准确性。续航里程是新能源汽车用户最为关心的问题之一，它直接影响到用户的出行体验和计划安排。通过实时监测电池电量，并结合车辆的行驶数据、环境条件等信息，可以更为准确地估算出剩余续航里程，帮助用户更好地规划行程，避免因电量耗尽而陷入尴尬境地。

③ 电池电量的实时监测对于新能源汽车的维护与保养也具有重要意义。电池作为新能源汽车的核心部件，其性能状态直接关系到车辆的使用寿命和价值。通过实时监测电池电量和各项相关指标，可以及时了解电池的健康状态，为电池的维护、更换提供有力依据。这不仅可以延长电池的使用寿命，提高能源利用效率，还能降低用户的维护成本，提升用户满意度。

④ 电池电量的实时监测还有助于推动新能源汽车行业的智能化发展。

随着物联网、大数据、云计算等技术的不断进步，新能源汽车正朝着智能化、网联化的方向发展。电池电量作为新能源汽车运行过程中的重要数据之一，其实时监测结果可以为车联网、智能驾驶等系统提供丰富的数据源，助力新能源汽车行业实现更高效的能源管理和更智能的出行服务。

然而，要实现新能源汽车电池电量的实时监测并非易事。电池电流变化动态范围达到数百安培，要求传感器在数百安培的大动态范围下保持毫安量级测量精度，传统传感器很难满足这样的要求。

2022 年，东京科技大学与日本汽车配件制造商矢崎集团联手，共同研发出一款创新型电池监视器原型机。这款监视器以金刚石 NV 色心为物理基础，以量子精密测量为核心技术，旨在实现对电动汽车电池电量的精确监测。该监视器在 −1000 ～ 1000A 的动态电流范围内，检测精度高达 1%，并且能够在 −40℃～ 85℃ 的广泛工作温度范围内稳定运行。

为了确保这款电池监视器的性能与可靠性，研发团队在全球统一轻型车辆测试循环模式下对其进行了严谨的试验评估。试验结果显示，该监视器能够实时准确地跟踪汽车电池的状态和充放电情况，为电池管理提供了前所未有的便捷与精确性。

这项新型电池监控技术的研发，标志着电动汽车电池监控领域取得了重大突破。其最显著的优势在于，能够显著提高电池的使用效率，增幅达10%。这一成果不仅有助于延长电池的使用寿命，还能在一定程度上提升电动汽车的续航里程，从而缓解消费者对电动汽车续航能力的顾虑。

此外，该技术还展现出巨大的节能减排潜力。据预测，到 2030 年，全球将新增 2000 万辆电动汽车。如果这些车辆都能应用这项新型电池监控技术，那么整体运行能量将降低 3.5%。这意味着在保持相同性能的前提下，电动汽车将消耗更少的电能，从而减少对电力资源的依赖，缓解电网负荷。

东京科技大学与矢崎集团合作研发的这款电池监视器原型机，不仅具备卓越的监控性能，还有望为电动汽车行业的发展和全球节能减排事业带来深远的影响，引领整个行业朝着更加绿色、高效的方向迈进。

3.6 能源领域

3.6.1 电流互感

未来，新型电力网络将从"源随荷动"的实时平衡模式和大电网一体化控制模式，向"源网荷储"协同互动的非完全实时平衡模式和大电网与微电网协同控制模式转变，这一转变趋势对于电网状态信息采集和智能化监测分析能力提出了更高要求，需要更加灵敏与可靠的监测传感设备。

电流互感器是电力系统中不可或缺的重要元件，其在电网的稳定运行、监测保护和电能管理中发挥着至关重要的作用。首先，电流互感器在电网中起到了关键的测量作用。由于电网中的电流通常较大，直接测量不仅存在难度，而且可能对测量设备造成损坏。电流互感器能够将高电流按比例转换为低电流，为电力系统的测量提供便利。通过电流互感器的转换，电网的电流、电压等关键参数得以被精确测量，进而为电力系统的运行和控制提供了准确的数据支持。其次，电流互感器在电网的电能计量中发挥着重要作用。电能计量是电力系统运行的基础，它涉及电力生产、传输、分配和消费的各个环节。电流互感器能够将电网中的大电流转换为适合计量设备处理的小电流，从而实现对电能的准确计量。这不仅有助于保障电力交易的公平性和公正性，还为电力企业的经济核算和能源管理提供了有力支持。再次，电流互感器在电网的负荷控制中也具有重要意义。电力负荷的大小直接影响电网的稳定性和经济性。通过电流互感器对电网电流的实时监测，可以准确掌握各区域的负荷情况，进而实现电力负荷的合理分配和调度。这不仅有助于提高电网的供电质量和可靠性，还能降低电力损耗，提高能源利用效率。最后，电流互感器在电网的安全保护中发挥着至关重要的作用。在电力系统中，过流、短路等故障时有发生，这些故障若不能及时被发现和处理，将对电网造成严重的损害。电流互感器能够实时监测电网的电流变化，一旦发现异常，即可迅速触发保护装置，切断故障部分，从而保护整个电网的安全运行。

传统电流互感器在电力系统中虽有长期应用，但随着技术的进步与需求的增加，其缺点渐显。一是绝缘结构复杂、制造难度高，特别是在特高压环境下，其绝缘尺寸大，导致设备体积庞大，造价高昂，给运输、安装、维修带来不便。二是暂态响应范围小、误差大，超高压电网中，由于电流非周期分量和高频分量作用，铁芯易饱和，误差增大，影响测量准确性，威胁电力系统的稳定运行。三是传统电流互感器还存在危险性，其采用的油绝缘方式存在易燃易爆的特征，增加变电站安全风险。同时，对二次负荷的严格要求也增加了设计和使用的复杂性，负荷轻微变化可能会放大测量误差。四是温度和时间也会影响其精度，极端温度下其性能可能产生波动，导致测量结果失真，设备老化和磨损也会对精度产生负面影响。

基于金刚石 NV 色心的量子电流互感器可对高压电流导线周围的磁场进行探测，实现高精度和宽动态范围的电流互感测量。最初的电流传感器是接触式的，即将电流表串入电路中，这可能会改变电路或者通电设备的工作状态，很难实现对正常工作的电路或者通电导体中的电流进行准确探测。为了解决这个问题，提出了非接触式的电流测量方式，即利用电流的磁效应，将电流测量方式转换为磁场测量方式，最后电流测量的精度也就转换为磁场探测的精度。基于金刚石 NV 色心的量子电流互感器就属于这类测量方式的传感器。金刚石 NV 色心以其稳定的能级结构赋予了量子电流互感器卓越的性能。在没有外磁场作用的情况下，金刚石 NV 色心的基态能级呈现出清晰的三重态结构。而当存在外界磁场时，这种三重态结构会发生塞曼劈裂，其劈裂大小与平行于 NV 轴向的磁场强度成正比。这种特性使 NV 色心能够更加灵敏地响应外界磁场的变化。利用这一特性，量子电流互感器通过光纤与金刚石 NV 色心的紧密耦合，构建出高灵敏度的电流探测头。这种探测头不仅实现了与光纤材料性质和形状的低相关性，而且有效规避了光纤物理状态对测量结果的潜在影响。这意味着测量灵敏度不再受制于光纤的固有属性，而更多地取决于激发光的强度、金刚石中 NV 色心的浓度和荧光收集效率。这种解耦设计为提升测量灵敏度提供了广阔的空间。此外，该方案还通过结合不同聚磁能力的导磁体，实现了从毫安到千安量级电流的精准测量。这种广泛的测量范围使该技术在各种应用场景中都能发挥出色的性能。同时，其结构简单、成本低廉的特点也为大规模推广与应用奠定了坚实基础。值得一提的是，金刚石材料本身所具备的优异的物理化学性质，使电流互感器在耐压等级和工作寿命方面有了显著提升。这种稳定性不仅保证了测量结果的可靠性，而且使该技术在极端环境下仍能保持出色的工作状态。

2022 年，国网安徽省电力有限公司电力科学研究院团队联合中国科学技术大学院士团队研制的量子电流互感器样机在合肥 110kV 潜水路变电站完成 240h 的挂网运行。这标志着量子精密测量技术在电力行业的应用迈出了第一步。2024 年，广东电网有限责任公司计量中心研发的 10kV 量子电流互感器在肇庆四会启动试点安装。量子电流互感器未来还有望解决特高压直流测量难题，在交直流输变电工程、计量标准溯源等领域具有广阔的应用前景。

3.6.2 能源勘探

核磁共振测井仪作为现代石油勘探领域的一项革命性技术，其应用意义深远而重大。第一次量子浪潮的兴起，标志着人类科技迈入了一个崭新的时代。在这次浪潮中，核磁共振测井仪的诞生是一个里程碑式的事件。这款被誉为"地质学家的眼睛"的仪器，以其独特的优势和精准度，迅速成为地底油气资源探测的最佳利器。

核磁共振测井仪的工作原理是利用强大的磁场和特定的射频脉冲，使地底岩石中的氢原子核（质子）发生共振。这些氢原子核吸收到特定频率的射频能量后，会跃迁到高能态，随后又会迅速返回到低能态，并释放出能量。在这个过程中，核磁共振测井仪能够捕捉到这些微弱的能量信号，并通过精密的数据处理，将其转化为反映地层特性的重要信息。

测量底孔缝隙的大小是核磁共振测井仪的一项核心功能。缝隙的大小直接关系到储集层内物体的体积，因此，准确测量缝隙的大小对评估油气资源的储量和可开发性具有至关重要的意义。核磁共振技术可实现对微小缝隙的高精度定量测量，为地质勘探提供更可靠的数据支持。

在核磁共振测井仪的助力下，地质学家如同拥有了一双透视地层的"眼睛"。借助这款仪器，地质学家们可以快速地在地底寻找油气资源，准确判断储集层内物体的体积大小。这不仅大大提高了勘探效率，更在一定程度上降低了勘探成本，为油气产业的持续发展注入了新的活力。

此外，石油泄漏监测在环境保护领域也具有举足轻重的作用。通过该手段对其进行持续、精准的监测，可以及早察觉管道泄漏的异常情况，以便迅速反应并采取有效措施，防止泄漏事故进一步蔓延和扩大。这种监测手段不仅有助于保护珍贵的自然资源，还能在一定程度上减少因石油泄漏引发的环境灾难，维护生态平衡。量子精密测量技术为石油泄漏监测提供了更为高效、便捷的手段。2023年6月，厦门大学、福州大禹电子科技有限公司和福建能源材料科学与技术创新实验室联合团队利用单光子拉曼激光雷达实现水下石油泄漏检测，实验中体积约为0.013m³的雷达系统在水下0.6m处能够探测和区分厚度为1～15mm的石油。

量子精密测量技术在能源勘探领域的应用案例展示了其巨大的潜力和价值。随着技术的不断进步和创新，量子精密测量将为未来的能源勘探和开发带来革命性的变革。

3.6.3　无人机巡检

无人机系统已广泛应用于多个领域，尤其是在电力巡检中部分取代了人工，提升了效率且降低了成本，同时提高了工作安全性。但鉴于无人机系统在关键领域中的重要性，其安全性问题亟待关注。保障其稳定运行、数据隐私和抗干扰能力成为当前的紧迫挑战。

无人机系统的安全保障涉及控制安全与数据安全两大核心环节。在控制安全方面，关键在于确保无人机的飞行指令能够稳定、低时延地传输，同时防范潜在的监听、数据窃取或控制劫持等风险。但现行的加密措施往往会增加信号传输的时延，对飞行的流畅性造成影响。因此，如何在确保安全的前提下优化性能，成为一个需要细致权衡的问题。至于数据安全，重点则是保护无人机传输的各类视频数据的私密性，包括实时监控视频和高清晰度的录像文件。然而，高清晰度的录像文件加/解密过程中的计算量巨大，有时会超出一些终端设备的处理能力。鉴于此，业内普遍选择不对视频数据进行加密处理，以确保处理流程的快捷与高效。这样一来，视频数据就面临泄露的潜在威胁。

量子随机数发生器在无人机通信安全中的应用机制主要是对现有公钥基础设施认证体系下的熵源进行深层次的优化与增强。在进行身份认证和会话密钥的生成过程中，系统调用量子随机数发生器产生量子随机数，利用这些具有高度随机性和不可预测性的数值，结合 SM2、SM4、SHA-256 等先进的加密算法，生成更加安全可靠的认证证书与会话密钥。这种方法不仅提升了整个通信过程的安全性，还有效防范了潜在的安全威胁，为无人机通信提供了更为坚实的保密保障。

弦海（上海）量子科技有限公司（简称"弦海"）的技术方案在国家电网某配电站沿线完成实地演示，如图 3-8 所示，对数据流的稳定性、加密性能和加密时延完成测试。测试结果显示，无人机飞行控制和业务功能正常，业务数据传输时延低于 200ms，控制时延低于 50ms。

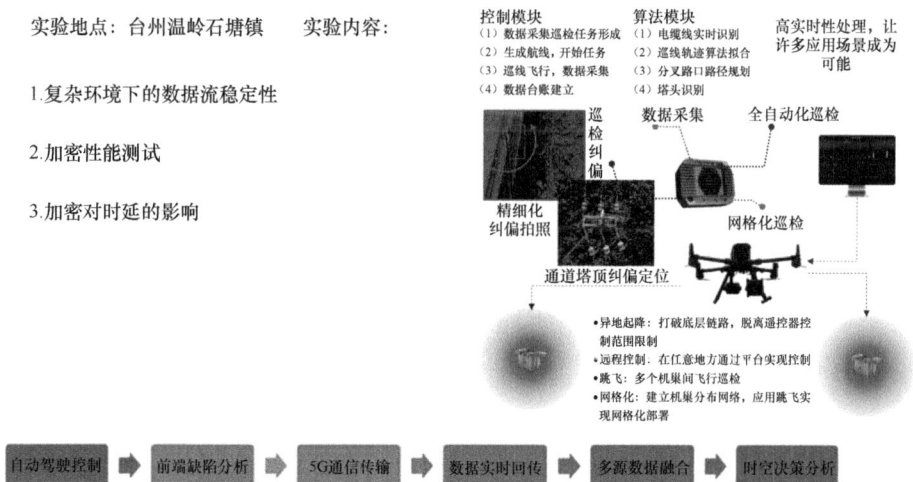

图 3-8 无人机量子通信实地演示方案

3.7 金融领域

3.7.1 信用评分

在金融领域，信用评分模型对贷款业务具有举足轻重的作用。而作为数据预处理的关键环节，特征筛选在信用评分过程中占据着不可或缺的地位。高效的特征筛选能够助力银行构建更简洁、易懂的模型，提升数据挖掘的效能，为银行业提供更为精准的贷款参考信息；同时，它还能显著降低银行在后续模型训练阶段所投入的计算资源与时间成本，实现资源的高效利用。

随着大数据时代的迅速发展，特征筛选所面临的数据规模庞大、特征维度复杂、计算资源昂贵等难题愈发凸显，传统经典算法已难以满足日益增长的处理需求。目前，经典计算方法虽为主流，但仍存在诸多不足：筛选准确度不高，处理时长不断延长，对算力的要求苛刻，过度依赖专家经验带来的局限性。在瞬息万变的金融市场中，量子计算以全新的计算能力，为特征筛选带来了革命性的转变。

玻色量子联合北京量子信息科学研究院、光大科技、平安银行等合作伙伴，在特征选择问题上进行了深入的联合探索，并取得了一系列应用成果。研究团队在玻色量子研发的相干伊辛机上实现对德国信用数据集特征筛选计算的加速，在低于 1ms 的时间内完成了问题求解，并且相对于传统优化算法（例如模拟退火算法），可以找到更低能量的可行解，相干伊辛机与模拟退火算法结果对比如图 3-9 所示。

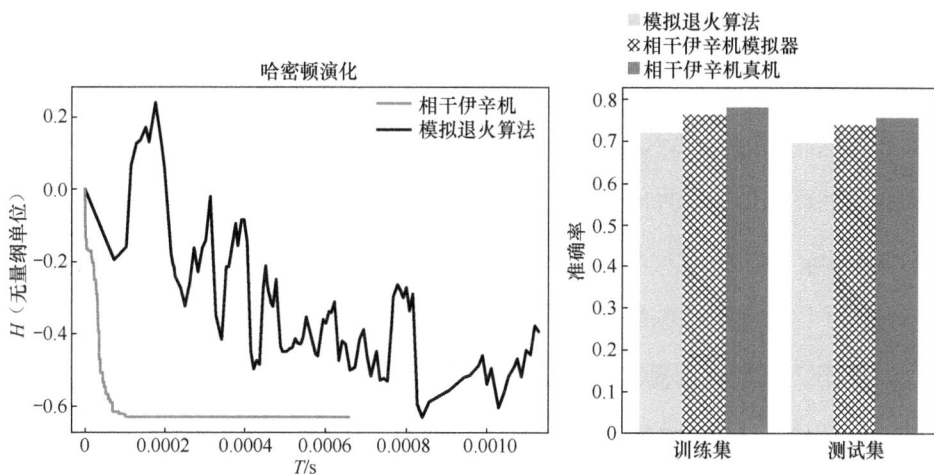

图 3-9 相干伊辛机与模拟退火算法结果对比

3.7.2 基于量子计算的量化投资策略

投资组合优化是投资者在确定投资组合配置时面临的关键问题，而量子计算以其独特的优势为这一问题提供了全新的解决方案。量子计算可以显著提高投资组合优化的精确度。传统计算机在进行投资组合优化时，由于计算能力的限制，往往只能寻求近似解。这种近似解虽然在一定程度上能够满足需求，但往往难以达到最优效果。而量子计算机通过运用量子算法，能够解决传统计算机在投资组合优化中所面临的计算复杂性问题，提供更准确和高效的投资组合优化解决方案。这意味着投资者能够更精确地优化其投资组合配置，从而在降低风险的同时提高收益。未来，随着金融领域数字化转型的推进，对算力的需求日益增长，然而，传统计算机处理器已经接近制程极限，算力瓶颈逐渐成为制约金融数字化转型的关键因素。在这一背景下，量子计算以其独特的优势为金融领域注入了新的活力。量子计算优化投资组合，不仅能够提升金融服务的数字化水平和响应速度，更有望改变金融行业的整体生态和竞争格局，推动数字经济的快速发展。

西班牙量子计算公司 Multiverse Computing 推出了新版量子计算投资组合优化软件 Singularity，该软件包含高效的 Multiverse 混合求解器，它结合了经典计算和量子计算的优势，适用于解决投资组合优化问题。Multiverse Computing 与欧洲两大银行 BBVA 和 Bankia 合作，利用 D-Wave 量子退火机证明了组合优化领域的"量子优势"。

该团队试图找到夏普比率最高的投资策略。夏普比率又被称为夏普指数，是评价基金绩效的标准化指标。夏普比率的计算公式是用基金净值增长率的平均值减去无风险利率再除以基金净值增长率的标准差。它反映了单位风险基金净值增长率超过无风险收益率的程度。夏普比率越大，说明基金的单位风险所获得的风险回报越高。一般来说，夏普比率大于 8 就可以被认为是"几乎无风险的投资"。寻找最高夏普比率的投资策略，需要使用算法求解器来找到成本函数方程的最优解，该方程描述了与给定投资组合相关的风险、回报和交易成本。表 3-4 和表 3-5 展示了各种算法的夏普比率和运行时间结果。数据集覆盖这种问题规模（从 XS 到 XXL），对应不同投资组合中的资产数量和投资期间的交易数量。对于超大规模的组合问题（10^{382} 种组合），D-Wave 量子退火机仅用了 171s 就找到了夏普比率为 12.16 的组合，而经典计算的张量网络则需要花费超过一天的时间。

表 3-4　不同算法的夏普比率结果

算法	XS	S	M	L	XL (10^{139}种组合)	XXL (10^{382}种组合)
变分量子求解算法	3.59	—	—	—	—	—
穷举法	6.31	8.90	—	—	—	—
受限的变分量子求解算法	6.31	6.04	4.81	—	—	—

算法	XS	S	M	L	XL (10^{139}种组合)	XXL (10^{382}种组合)
Gekko求解器	5.98	8.90	8.39	15.83	20.76	—
D-Wave量子退火	5.98	8.90	8.39	7.47	9.70	12.16
张量网络	5.98	8.90	9.54	16.36	15.77	15.83

表3-5　不同算法的运行时间（单位为 s）结果

算法	XS	S	M	L	XL (10^{139}种组合)	XXL (10^{382}种组合)
变分量子求解算法	278	—	—	—	—	—
穷举法	0.005	34	—	—	—	—
受限的变分量子求解算法	123	412	490	—	—	—
Gekko求解器	12	27	21	221	261	—
D-Wave量子退火	8	39	19	52	74	171
张量网络	0.838	51	120	26649	82698	116833

3.8　环境气象领域

3.8.1　颗粒物监测

随着工业化的快速发展和城市化进程的加速，大气污染问题日益凸显，特别是大气颗粒物所造成的污染，已经成为影响人类健康和生态环境的重要因素。因此，大气颗粒物的环保监测尤为重要，它不仅是环境保护的必然要求，也是实现可持续发展的关键环节。

大气颗粒物是空气污染因素之一，源自工业排放、交通尾气等，影响大气能见度并危害健康。环保监测能实时追踪颗粒物浓度，为环保部门提供数据支持，助力环保部门精准制定治理策略。PM2.5 和 PM10 等细颗粒物能增加慢性病风险，环保监测可及时发现空气污染，保护公众健康。城市化带来的人口密集和交通问题加重颗粒物污染，环保监测能反映城市各区颗粒物情况，助力城市规划，并为政府提供治理效果评估和调整管理策略的参考。

为确保空气监测设备在实际应用中的效能，监测设备需满足一系列严苛的需求，涉及探测距离、数据刷新率、污染源识别等多方面。设备探测距离应至少达 5km，理想条件下最远可达 10km，以全面监控广泛区域的空气质量。数据刷新率是关键，需解决高信噪比问题，确保实时准确捕捉细微变化。污染源识别也很重要，需高效精准，能自动识别和准确定位污染源。同时，要能快速监测和区分偷排、漏排及外来污染源。设备还需保证人眼安全，特别在人口密集区，要杜绝辐射伤害。设备在复杂自然环境中要具备稳定性和耐候性，以确保数据连续性和设备使用寿命。

光量子雷达为大气颗粒物环保监测提供了创新解决方案。这种雷达使用光纤激光器作为光源，发射的是波长为 1550.12nm 的窄线宽光信号。每个单脉冲能量约 9uJ，经放大后可达 70uJ。信号具有 10kHz 的重复频率和 200ns 的脉宽，经放大之后的信号进入大气环境传输。后向散射的微弱光信号被望远镜捕获，并被传送到近红外单光子探测器，最终这些微弱光信号被转换成电信号，用于同步数据处理。

相较于传统激光雷达在环保领域的运用，光量子雷达展现出更出色的性能，并有能力攻克传统大气激光雷达在环保应用中难以实现的精确实时溯源难题。光量子雷达不仅拥有更高的探测精度和速度，还能提供更丰富的数据信息，从而更全面地反映大气颗粒物的分布和动态变化。光量子雷达凭借先进的技术手段，为环保监测工作提供了更强大和高效的支持。

山东国耀量子雷达科技有限公司于济南市成功布设了首个颗粒物光量

子雷达监测网络。该网络共设有 6 个关键节点，遍布于高新区大山坡、高新区海信大厦、章丘、莱芜、济阳、历城等地。每个节点上均安装了一套颗粒光量子雷达装置，这些装置的常规探测距离达 6km，合计覆盖面积接近 600m²，能够实时为济南市环保局提供关于颗粒物排放污染源的详尽数据支持。此外，为实现高效的数据管理与分析，该公司还构建了多设备联动的数据中心平台。该数据中心系统不仅能对回传的数据进行统计性分析，还支持案例查询、数据下载、分区污染状况统计等多元化功能，极大地提升了环保数据的处理效率与应用价值。

3.8.2 气体泄漏检测

大气甲烷监测在当今环境保护和气候变化研究领域具有深远意义。甲烷作为一种重要的温室气体，对全球气候系统的影响不容忽视。因此，开展大气甲烷监测工作不仅有助于更深入地了解甲烷的排放源和汇，还能为制定有效的应对策略提供科学依据。

甲烷是一种强效的温室气体，其单位质量的温室效应远高于二氧化碳。尽管甲烷在大气中的浓度相对较低，但其对全球气候变暖的影响却不容忽视。实时监测大气中的甲烷浓度，能更准确地评估其对气候变化的影响，为制定全球温室气体减排政策提供有力支持。

大气甲烷的来源多种多样，包括天然湿地、稻田、生物质燃烧、化石燃料开采与运输、垃圾填埋等。据统计，全球大约 1/3 的人为甲烷排放来自石油和天然气行业。在不同区域和高度进行甲烷监测，可有效追踪并了解各排放源的强度和时空分布特征。此外，该监测还能揭示甲烷的汇，具体展现甲烷在大气中如何被消耗，例如与羟基自由基的反应过程。这有助于人们更全面地认识甲烷的循环过程，并为制定针对性的减排措施提供坚实依据。

　　同时，甲烷作为一种易燃易爆气体，在特定条件下可能引发安全事故。因此，对特定区域，如工业区、垃圾填埋场等进行甲烷监测，有助于及时发现潜在的安全隐患，预防火灾和爆炸事故的发生。这不仅能保障人民群众的生命财产安全，还能维护社会稳定和可持续发展。

　　传统泄漏检测依靠手持嗅探器，这种方法工作量大、成本高且效率低下。近十年来发展的光学气体成像技术可远程检测泄漏，但设备昂贵且需专业人员解读。采用该技术发现泄漏后，仍需嗅探器来测定泄漏量。

　　英国量子精密测量公司 QLM 开发的光量子雷达技术通过融合可调二极管激光吸收光谱、差分吸收激光雷达和时间相关单光子计数三大技术，实现了低功率半导体二极管激光器在远程光谱分析和测距方面的应用。目前，该产品已经在能源企业 SLB、METEC、TotalEnergies、National Grid 等进行了部署。

　　QLM 开发的这款光量子雷达甲烷传感器，依托随机调制连续波激光雷达系统，运用波长为 1650.9nm 的二极管激光器和珀尔帖冷却的单光子雪崩二极管探测器，实现了气体排放的简单、可靠、精准可视化和连续量化。它不仅连续扫描二极管激光输出波长以直接测量气体吸收谱线的形状，而且采用脉冲激光输出编码光信号，结合数字时域相关算法来识别返回的光信号。同时调控激光波长与调制振幅，能精确锁定激光穿越范围和特定气体量。此外，该雷达借助半导体元件实现高速激光调谐、调制与检测，使激光信号以 1MHz 或更快的频率进行扫描，从而在广阔的视野中迅速捕获气体光谱与结构距离数据图像。这些高质量、精确的三维图像不仅有助于分析气体羽流与定位泄漏源，还能辅助计算工业泄漏率。

　　QLM 参加了甲烷排放盲监测测试。该试验在特定区域内布置了泄漏检测和量化装置，模拟了储罐、管道等典型工业设施环境。现场设置了复杂

的气体供应系统和阀门，能够每秒按需释放 0.01 ～ 100g 的甲烷。此次任务
的关键在于验证设备在未知条件下对泄漏的检测、定位和量化能力。为确
保准确性，先进行一次已知流量的非盲测，随后要求测试设备确定泄漏点
并计算泄漏速率。光量子雷达甲烷监测泄漏的结果如图 3-10 所示。图 3-10
（a）为机载摄像头拍摄的图像，并叠加了甲烷羽流图像，清晰揭示了泄漏位
置。图 3-10（b）和（c）为光量子雷达对不同规模甲烷泄漏的监测结果。

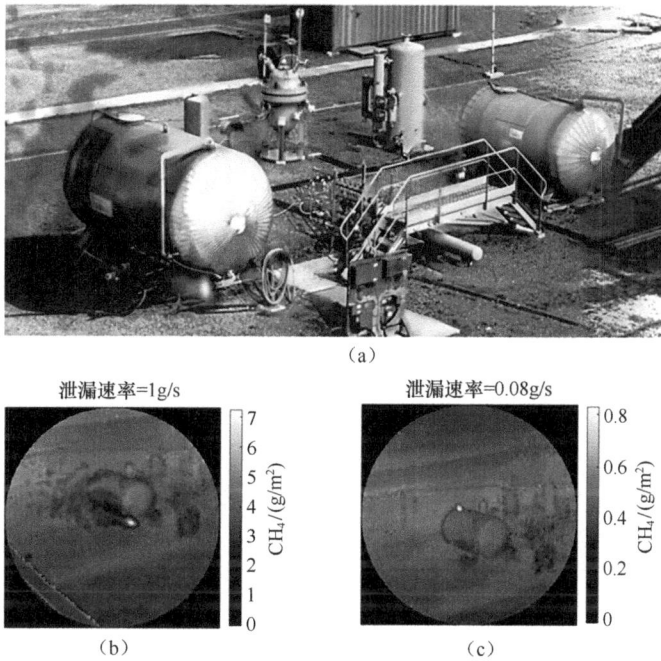

（a）

（b）

（c）

图 3-10　光量子雷达甲烷监测泄漏的结果

第四章

兴起：产业生态初具规模，不断壮大

4

4.1 量子信息企业数量和投融资规模持续增长

量子信息要从前沿技术走向未来产业，进而形成新质生产力，成为赋能经济社会增长的新引擎，离不开企业的科技成果转化、技术产品研发与产业化应用推广。企业是推动量子信息技术工程化研发、应用赋能和产业化发展的创新主体，也是各国构建量子信息技术产业竞争优势，赢得发展主动权的主力军。量子信息企业数量、分布和投融资情况，是观察量子信息技术产业发展态势的重要视角，本书对全球量子信息相关企业数量及投融资情况进行了调研统计分析，给业界提供参考。抗量子密码作为应对量子计算信息安全威胁的主流技术方案，与量子信息领域关系密切，本书一并进行了统计分析。全球量子计算、量子通信、量子精密测量和抗量子密码领域的企业数量及年度增长趋势如图4-1所示。

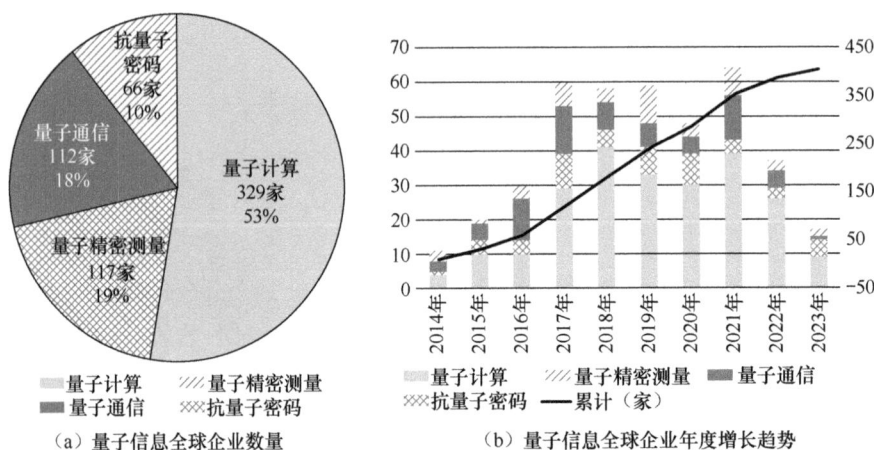

（a）量子信息全球企业数量   （b）量子信息全球企业年度增长趋势

注：企业数量统计依据互联网公开信息，包含了量子信息三大领域和抗量子密码的初创企业，以及涉及上述4个领域上、中、下游业务的科技企业、供应链企业和行业企业等。

来源：中国信息通信研究院（截至2024年6月）

图4-1 全球量子计算、量子通信、量子精密测量和抗量子密码领域的企业数量及年度增长趋势

截至 2024 年 6 月，上述四大领域的全球相关科技企业、初创企业、供应链企业和行业应用企业等共计 624 家，其中量子计算相关企业 329 家，占比超过 50%，凸显出量子计算是全球技术产业竞争的关注焦点。全球量子精密测量和量子通信企业数量均超过 100 家，占比分别为 19% 和 18%。随着抗量子密码算法评选和标准制定进程的逐步明朗，抗量子密码相关企业数量达 66 家。2016 年之前，量子信息企业数量呈缓慢增长态势，2016 年开始迅速增长，2017—2021 年持续保持快速增长趋势，每年新增 50 余家企业。2022 年，企业增长速度放缓，新增 31 家，量子计算仍然是行业热点，新增 17 家。2023 年，新增企业数量仅为 17 家，虽然当年新成立企业数量统计会有一定滞后性，但基本增长趋势不及往年。总体而言，过去 10 年，量子信息初创企业数量经历了一轮爆发式增长，量子计算是创新创业热点，近两年来初创企业数量增长趋势明显放缓。全球量子信息各领域企业数量及国家分布情况如图 4-2 所示。

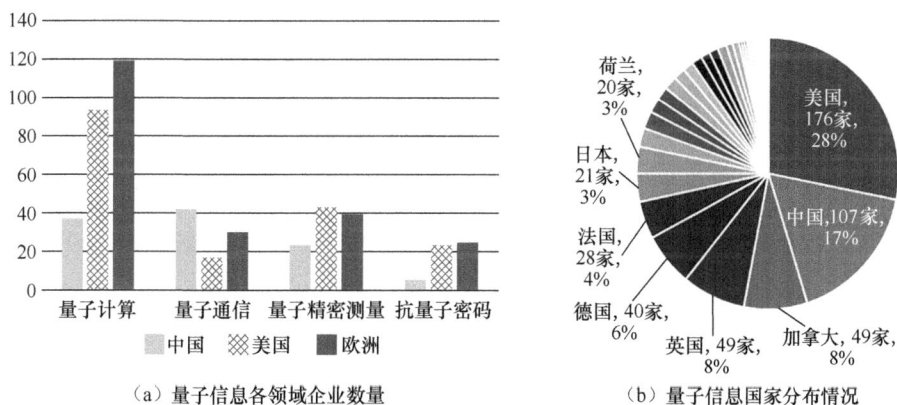

（a）量子信息各领域企业数量　　　　（b）量子信息国家分布情况

注：企业地区分布统计中欧洲包含俄罗斯、英国和爱尔兰，企业数量统计包含上、中、下游相关性较强的企业。此处中国包含港澳台企业和台湾地区的抗量子密码企业（Chelpis池安量子、FlipsCloud、香港的量子计算企业）。

来源：中国信息通信研究院（截至2024年6月）

图 4-2　全球量子信息各领域企业数量及国家分布情况

从不同领域看，量子计算企业在欧美地区的聚集度最高，共有212家，全球占比超过60%，反映出美国和欧洲是量子计算产业生态的活跃地区。在量子通信领域，中国相关企业数量最多，共有42家，美国仅有17家，欧洲有29家，从侧面反映出不同国家和地区在量子通信领域，主要是进入初步实用化阶段的量子密钥分发和量子保密通信的投资和推动力度差异。在量子精密测量领域，欧美企业数量最多，共有82家，全球占比超过60%，中国量子精密测量相关企业共有23家。在抗量子密码领域欧美平分秋色，共有相关企业47家，中国企业数量仅有5家。

从企业国家分布看，美国共有176家量子信息相关企业，全球占比超过四分之一。其中，谷歌、IBM、英特尔等科技企业已成为量子计算领域的业界标杆，IonQ、Quantinuum、PsiQ、AOSense等初创企业创新驱动能力突出，在量子信息技术产业中拥有较为明显的先发优势。中国量子信息相关企业共有107家，但科技企业投入推动力度、供应链企业支撑保障能力和初创企业创新成果等方面还有待提高。全球量子信息领域企业数量较多的国家还有加拿大、英国、德国、法国、日本、荷兰等，它们在未来技术产业发展中也拥有较强的竞争力。全球量子信息企业投融资事件与金额年度变化趋势如图4-3所示。

从投融资事件数量看，2017年起，企业投融资事件数量开始出现明显增长，与企业数量爆发式增长的时间趋势吻合。大量初创企业获得了政府的赠与投资和不同轮次的股权融资等风险投资。美国能源部、国家科学基金会和国防部等政府部门的合同赠予投资占比较高，从2018年开始，每年都有约20笔赠予，占全部投融资数量的20%左右。风险投资中，种子轮和A轮占比最高，合计每年约占整体投融资事件数量的40%～50%，孵化器数量也在逐渐增加。可以看出，资本市场对量子信息领域的关注度持续提升，但大多数企业仍处于早期投资阶段。从投融资金额规模看，过去 5 年，资本市场对量子信息领域企业的投资同样经历了一轮爆发式增长，2021—2023 年均超过 15 亿美元量级，特别是 2022 年突破 20 亿美元量级。近两年来，量子信息初创企业获得的投融资数量和金额出现一定回落。美国麦肯锡咨询公司 2023 年 4 月发布《量子技术监测》报告，统计量子信息领域初创企业十大融资事件如表 4-1 所示。其中美国企业市场表现最为活跃，SandboxAQ、Quantinuum 等从大型科技企业分拆的量子信息领域独立企业获得了大量资金投入，IonQ、D-Wave 等欧美初创企业也从资本市场获得了大笔研发资金。我国仅有本源量子在 2022 年完成 B 轮 1.45 亿美元融资额，资本市场和社会投融资对量子信息企业的支持力度有待进一步加强。

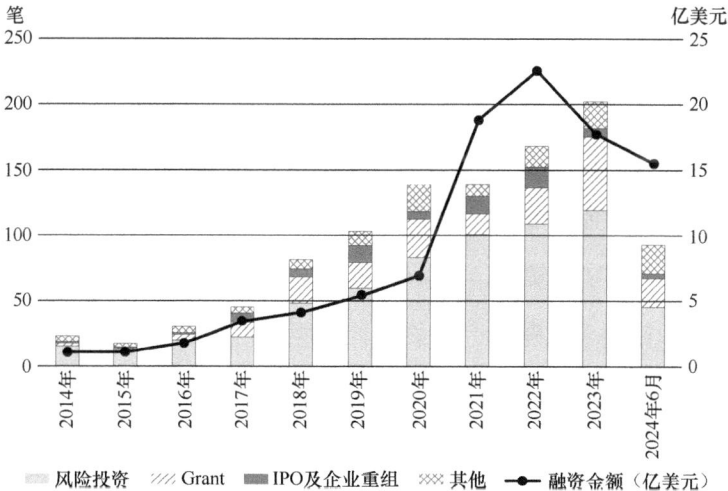

注：Grant 为赠与投资，主要来自政府部门和高校等，IPO 及企业重组包含上市、增发和收购等多种类型，风险投资包含不同轮次融资，其他包含战略投资和贷款等。部分投融资事件未披露具体金额。

来源：中国信息通信研究院（截至2024年6月）

图 4-3　全球量子信息企业投融资事件与金额变化趋势

表 4-1　全球量子信息初创企业十大融资事件

公司	国家	技术领域	融资额/亿美元	时间/年
SandboxAQ	美国	量子软件/抗量子密码	5.00	2022
PsiQuantum	美国	量子计算	4.50	2021
IonQ	美国	量子计算	3.50	2021
Rigetti Computing	美国	量子计算	3.45	2022
Arqit	英国	量子通信	3.45	2021
IonQ	美国	量子计算	3.00	2021
Quantinuum	英国	量子计算	3.00	2021
D-Wave	加拿大	量子计算	3.00	2022
PsiQuantum	美国	量子计算	2.30	2020
本源量子	中国	量子计算	1.45	2022

来源：麦肯锡《量子技术监测》

4.2　量子信息产业生态初具雏形

随着量子科技的飞速发展，量子信息产业已成为全球范围内备受瞩目的新兴领域。这一产业不仅涵盖量子计算、量子通信、量子精密测量等多个子领域，还涉及硬件研发、软件开发、应用探索等诸多方面。如今，量子信息产业生态已初具雏形，并呈现出蓬勃发展的态势。

在量子计算领域，随着近年量子计算原型机研制、软件研发、应用探索和云平台服务的快速发展，国内外各类型量子计算初创企业的大量涌现，以及行业应用企业的不断加入，量子计算领域的产业链初具雏形，如图 4-4 所示，目前全球量子计算相关企业数量已超过 250 家，欧美企业聚集度最高，产业链各环节的参与者逐步增多，产业生态蓬勃发展。

量子计算产业链的上游主要涉及环境支撑系统、测控系统、各类光电元器件与线缆连接器等设备组件，是支持各种技术路线开展原型机工程化研制的基础保障。目前，多种量子计算处理器技术路线并行发展，对于上游供应链的需求各不相同，例如稀释制冷机主要用于超导和硅基半导体路线，真空系统主要用于离子阱和中性原子路线，高性能激光器和单光子探测器主要用于光量子路线。供应链需求的多元化和碎片化是当前量子计算技术产业发展的一大特征，限制了上游供应链企业的技术攻关和规模化发展。从国内外对比来看，欧美在量子计算上游支撑保障系统和元器件等方面，具有传统产业的积累优势，供应链企业数量、产品丰富程度和自主供给水平占据优势。我国虽有部分企业开展布局和推出相关产品，但在加工制造设备、高性能光电元器件等一些关键环节，仍需要进一步提升自主化水平，以保障量子计算技术研究、应用探索和产业培育的可持续发展。

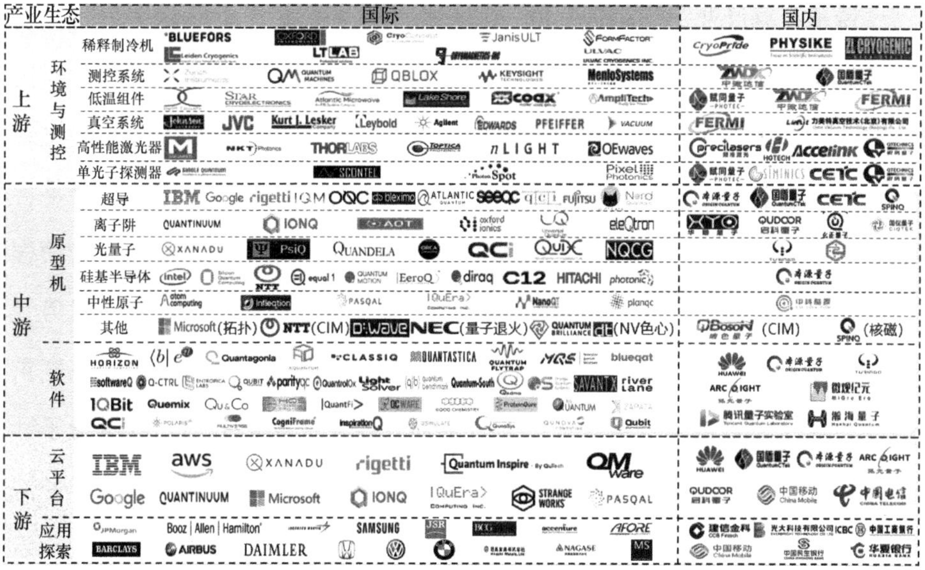

来源：中国信息通信研究院

图 4-4　量子计算产业链与国内外代表性企业概况

量子计算产业链中游主要由硬件和软件研发制造企业构成，量子计算原型机研制是产业链的核心环节。目前，超导、离子阱、光量子、硅基半导体和中性原子是产业界关注的主要技术路线，其中超导路线受到热捧，国内外科技企业和初创企业集中度最高，硅基半导体和拓扑技术路线也得到英特尔和微软等科技企业的支持，离子阱、中性原子和光量子技术路线以初创企业推动为主。近年来，量子计算编译软件、开发软件和应用软件等方面的创新创业高度活跃，涌现出大量初创企业，成为推动量子计算生态建设和应用场景探索的重要力量。从国内外对比来看，我国在量子计算主要硬件技术路线均有企业布局，超导和离子阱路线关注程度较高，但整体企业数量、规模和创新成果，以及科技企业在硬件攻关方面的投入推动力度仍有待提升。量子计算软件生态方面，国内企业相对较少，在更新迭代速度、用户数量和开源社区影响力等方面，和国外科技企业也有差距。

量子计算产业链下游包括面向用户提供服务的量子计算云平台企业和在各领域开展应用探索的行业企业。目前，以 IBM、亚马逊、微软等科技企业为代表的量子计算云平台，在后端量子计算硬件丰富程度、软件框架完备性、商业化运营模式等方面，已成为业界标杆。未来量子计算云平台构建后端多种技术路线硬件的支撑能力，实现编译指令、中间表示和编程框架等层面的互联互通，是重要的发展方向。量子计算的潜在算力优势受金融、军工、航空航天、汽车、制药等众多行业的欧美领军企业的高度重视，行业企业与量子计算企业联合开展应用探索已蔚然成风。我国量子计算云平台企业在后端量子计算硬件水平、平台应用活跃度和商业化服务探索等方面仍需进一步提升。我国重点领域的行业企业对量子计算应用探索的关注和投入有待进一步加强。

量子通信领域的产业链与国内外代表性企业如图 4-5 所示。目前，量子通信领域量子密钥分发的产业化程度较高。由于抗量子密码与量子安全息息相关，并且近年来产业化趋势明显，因此将抗量子密码相关的厂商也列入中游。量子通信和量子信息网络仍处于科研攻关阶段，尚未形成完整的产业生态。

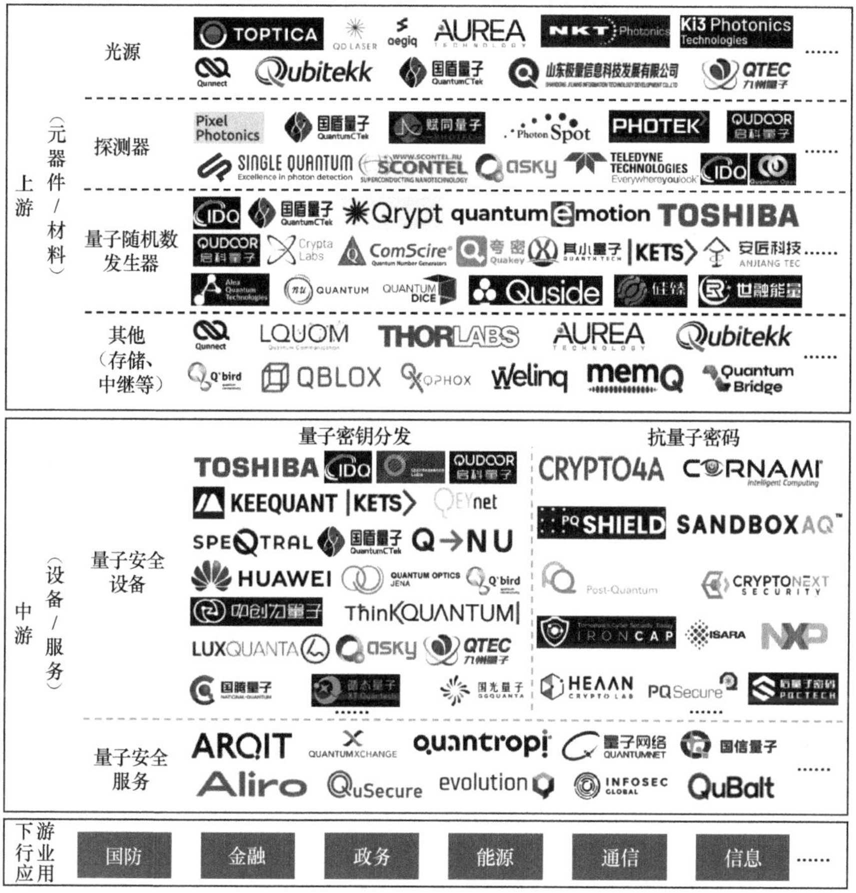

来源：中国信息通信研究院

图 4-5　量子通信产业链与国内外代表性企业概况

量子通信产业链的上游是提供核心元器件和材料的供应商。量子密钥分发很大程度上可以复用传统光通信的产业链，如光电调制/解调器、偏振分束器、FPGA、数/模转换器、光纤器件等产品已在传统光通信领域广泛应用，并且相对成熟，因此未列入产业链图谱，本书主要关注量子密钥分发产品核心器件，如量子光源（包括准单光子源、单光子源、纠缠光源等）、单光子探测器、量子随机数发生器等器件组件。近年来，随着量子信息网络研究热度的持续攀升，欧美科研机构孵化出一系列量子存储、量子中继、量子信息网络组网相关的初创企业，如荷兰的 Q*Bird、Qblox、QphoX 等是由代尔夫特理工大学直接孵化的新兴量子信息网络企业，主要聚焦量子信息网络存储、中继等组件研发和应用组网的研究探索。Qubitekk 是为数不多的自成立之初就致力于量子信息网络研究，且已将其转化为应用产品的企业，目前已与 EPB 合作创建了美国首个商用量子信息网络"EPB 量子网络"。

量子通信产业链的中游以量子密钥分发设备厂商和抗量子密码软件／硬件厂商为主，同时包括量子信息网络建设和运营企业。我国近年来在量子密钥分发领域的产业化进程尤为突出。重点布局量子安全通信和量子密钥分发网络构建等，聚焦城域网、局域网等的应用研究，实施了量子保密通信"京沪干线"、合肥市量子通信城域网建设等多个项目。国科量子通信网络有限公司作为我国最大的量子保密通信网络运营商，致力于星地一体量子信息网络建设，探索量子通信在政务、金融、能源等领域的规模化应用，其核心业务包括量子密钥基础业务、融合业务等，是国家广域量子保密通信骨干网络的建设和运营主体。美国量子密钥分发硬件厂商较少，而抗量子密码初创企业数量明显多于其他国家。

量子通信产业链的下游以量子通信与安全产品的使用方为主。目前，金融、政务、能源等领域已开展量子保密通信相关的应用试点，通过与行业需求的深度融合，开发出具有针对性的量子通信解决方案。这些解决方案不仅提升了各行业的信息安全水平，还推动了行业的数字化、智能化升级，为整个社会的经济发展注入了新的活力。同时，量子保密通信网络的现实安全性和实用性也有待于进一步验证。美国则积极部署抗量子密码的试点与迁移计划，在软件 / 固件签名应用领域启动该计划，并在 2030 年前完成传统加密算法向抗量子密码的迁移。

量子精密测量领域具有技术方向多元、应用场景丰富、产业化前景明确的特点。量子精密测量各技术方向的发展成熟度有较大差异，既有原子钟、原子重力仪等已成熟商用产品，也有量子磁力仪、光量子雷达和量子陀螺仪等处于工程化研发和应用探索阶段的样机产品，还有量子关联成像、里德堡原子天线等尚处于系统技术攻关的原型机。近年来，随着量子测量技术和应用的不断发展，国内外相关初创企业不断涌现，传统行业企业也在量子测量不同技术方向上加大了布局推动力度，以上游基础材料器件系统、中游系统产品和下游多领域行业应用组成的产业链基本形成，如图 4-6 所示。

来源：中国信息通信研究院

图 4-6　量子精密测量产业链与代表性企业概况

量子精密测量产业链的上游主要是系统研发所需的基础材料、元器件和支撑系统提供商。基础材料包括高纯度同位素材料、金刚石、惰性气体等；元器件主要包括激光器、原子气室、光学系统元器件、电子元器件、线缆等；支撑系统主要包括磁屏蔽、真空、低温、隔振等环境保障系统；量子精密测量上游欧美厂商集中度较高。目前，量子测量技术路线多元，所需上游材料、器件差异性大，给上游整合和优化带来挑战。未来，供应链发展需要科研机构和企业积极推动"产、学、研"合作，促进上下游协同创新，通过共同研发、技术转让、联合生产等方式，逐步实现供应链整合和优化。此外，建立行业标准和规范也是推动量子精密测量供应链培育和发展的重要手段，通过制定技术标准和检测体系，推动上游材料和器件的标准化，可降低供应链企业的成本和风险。

量子测量产业链的中游包含各种技术方向的系统产品提供商。目前，可以商用的量子精密测量设备产品包括量子时钟、量子重力仪、量子磁力仪及其衍生产品、光量子雷达等。冷原子钟多用于计量、授时、基础科研等场景，同时其设备结构复杂、体积庞大，产业化程度较低。热原子钟已经广泛应用于通信、电力、卫星导航等领域，商业化成熟度最高。近年来，芯片级的热原子钟成为产业界关注的热点，逐步实现工程化样机向商用产品的迭代演进，如果成本可以进一步降低，有望替代现有的高精度晶振并改变现有的时频网络体系架构。分子钟是近年来提出的一种新型量子时钟，利用惰性气体的振动谱特性，有望实现千秒稳 $10^{-11} \sim 10^{-13}$ 量级，纯电学元件驱动，不需要光学器件和恒温加热系统，对磁场不敏感，易实现芯片化，未来应用前景广阔。量子重力仪目前已实现集成化、可移动、自动化控制，未来还需要实现小型化和降低成本。量子磁力仪近年来发展迅速，随之衍生出一系列新型测量传感设备，如脑磁图仪、心磁图仪、量子扫描显微镜、量子电流互感器等，商业化成熟度方面正在快速提升。量子雷达主要分为两种，一种是基于单光子探测的光量子雷达，另一种是基于量子纠缠、压缩等原理的干涉式量子雷达、量子照明雷达和量子增强雷达。前者已经实现商用，后者仍处于原理验证阶段。光量子雷达在环境监测、道路交通、气象测绘等诸多领域具有广阔的应用前景，市场驱动力较大。

量子精密测量产业链的下游涉及国防安全、生物医疗、能源动力、工业制造、资源勘探、地质监测等诸多领域，应用前景十分广泛。当前，量子精密测量技术产品已经成为传统传感测量领域的有效补充和增强技术方案，未来随着样机产品性能指标、工程化水平和体积成本的进一步优化，有望成为超越现有传感测量手段的下一代技术方案演进方向。但我们也要看到，大多数量子测量技术仍处于实验室研发和原型机攻关阶段，如何走出实验室并在工程化应用场景中落地，样机整体能力指标如何满足实际场景中的全方位应用需求，仍是需要产业界和学术界协同推动并突破的科技成果转化瓶颈。当前，量子精密测量技术的商业价值尚未完全显现，社会资本的投入力度有限，主要依靠公共研发资金支持，加大对量子精密测量领域创新创业企业的支持力度也是未来推动商业化应用的必要条件。

总之，量子信息产业生态已逐渐形成，目前正以蓬勃之势快速发展。但是，这一产业仍面临诸多挑战，如技术成熟度、成本控制、市场推广等。未来，随着量子技术的进一步突破和应用场景的不断拓展，量子信息产业有望实现更加广阔的发展。同时，政府、企业和科研机构需继续加强合作与交流，共同推动量子信息产业的全球化发展，为人类社会的发展注入更强大的动力。

4.3　量子信息产业联盟成为培育生态的重要手段

近几年，多个国家或地区已成立以政府为指导、以企业为主体、以市场为导向的量子信息技术领域产业联盟，成员单位不仅包括量子信息领域企业，还包括众多研究机构和各应用领域的重点企业，"产、学、研、用"多方合作开展活跃。国内外代表性量子信息技术领域产业联盟概况如图4-7所示。

美国 **QED·C**	欧盟	中国 QIIA
•成立时间：2018年12月	•成立时间：2021年4月	•成立时间：2022年7月
•成员：～290家（已扩展至39国）	•成员：～187家（～30国）	•成员：81家中国机构与企业
加拿大 QUANTUM INDUSTRY	德国 QUTAC	日本 Q-STAR
•成立时间：2020年10月	•成立时间：2021年6月	•成立时间：2021年9月
•成员：～50家加拿大企业	•成员：13家德国企业	•成员：96家日本企业
荷兰 Quantum Delta	以色列 量子计算、量子传感、量子密码三个联盟	澳大利亚 AUSTRALIAN Quantum Alliance
•成立时间：2021年1月	•成立时间：2021年（报道时间）	•成立时间：2022年8月
•成员：5家荷兰机构＋40合作机构	•成员：约30家以色列企业	•成员：～130家

图4-7 国内外代表性量子信息技术领域产业联盟概况

2018年量子经济发展联盟在美国国家标准与技术研究院的支持下成立，旨在促进和发展美国量子产业，目前包含美国境内290余家高校、科研机构、科技企业和初创公司。2022年通过政府间协议等方式，扩展与36个西方国家的成员合作关系。2021年1月，荷兰成立量子生态联盟，通过利用荷兰已有的量子技术资源进行协调合作，其研究集中在量子计算、量子模拟、量子网络和量子传感应用等方面。2020年10月，加拿大成立含50家企业的量子工业联盟，加快量子技术创新、实现人才的转化和推进量子技术商业化进程。2021年4月，欧洲量子产业联盟启动大会在线上举办，该联盟汇集了来自欧洲量子技术行业所有部门的100余名成员，包括欧洲大陆各地的中小企业、大公司、风险投资家、研究机构、学术机构和其他行业协会。2021年6月，德国西门子、默克、SAP等10家大型企业联合成立量子技术与应用联盟，推动量子计算在各行业领域的应用探索，构建商用化基础和产业生态。2021年9月，日本东芝、丰田、NEC等24家大型企业组建量子科技新产业创造委员会，关注量子计算和量子通信的应用探索和商业开发。

2022年7月，由工业和信息化部指导，中国信息通信研究院联合国内量子信息领域高校、科研机构和产业公司共同发起的量子信息网络产业联盟在北京正式成立，目前已有成员单位81家，组织推动和开展了技术论坛交流、应用案例征集、行业报告研究、产品验证测评、协同创新平台建设、创新大赛举办等工作。2022年9月，量子科技产学研创新联盟在合肥成立，旨在进一步构建量子产业供应链，促进量子产业生态集聚发展。此外，中国电子学会、中国通信学会、中国计算机学会、中国信息协会等行业平台，也成立了量子计算、量子通信等方向的分会组织，推动开展年度学术进展报告交流和产业研讨会议、论坛等多学科领域的交流与研讨。行业联盟平台方面，本源量子成立本源量子计算产业联盟，汇集计算科技、机器学习、区块链、人工智能、低温制冷、信号处理、生物医药等多行业成员，推动在研发制造、应用探索和科普教育等方面的合作。

量子信息这一未来产业的培育和发展并非易事，需要政府、企业、科研机构等多方面的共同努力。在这个过程中，产业联盟发挥了重要的推动作用。

首先，产业联盟为量子信息产业的各方参与者提供了一个交流和合作的平台。联盟汇聚了来自不同领域和行业的量子技术专家、企业家和投资者，他们通过定期的会议和项目合作，共同探讨量子信息产业的发展趋势、技术创新和市场机遇。这种跨界合作不仅有助于加速量子技术的研发和应用，还能推动相关产业链的完善和优化。

其次，产业联盟在促进科研成果转化方面发挥了关键作用。联盟成员中包括众多高校和科研机构，它们拥有丰富的科研成果和强大的创新能力。通过联盟的平台，这些科研成果得以更快地转化为实际产品或服务，进而推向市场。同时，联盟还为企业提供了与科研机构合作的机会，从而降低了企业的研发风险和成本，提高了企业市场竞争力。

再次，产业联盟在推动量子信息产业标准化和规范化方面也发挥了重要作用。随着量子技术的不断发展，产业标准的制定和规范化管理尤为重要。联盟通过组织专家团队，共同开展标准化预研，为整个产业的健康发展提供了有力保障。这不仅有助于提升量子信息产品和服务的质量和安全性，还能增强消费者对量子技术的信任和接受度。

最后，产业联盟还在人才培养和创业投融资等方面为量子信息产业的发展提供了有力支持。产业联盟通过组织培训课程、实习项目和人才交流活动，为产业输送了一批批优秀的量子技术人才。同时，联盟还积极与投资机构合作，为量子信息领域的初创企业提供融资支持，帮助这些企业应对初创期的困难，实现快速成长。

值得一提的是，产业联盟还积极推动国际合作与交流，为国内外量子信息产业的共同发展注入了新的动力。与国际同行分享经验、开展合作项目，不仅拓宽了参与者自身的视野和资源，还为国内量子信息产业带来了更多的发展机遇。

总而言之，产业联盟在量子信息产业的培育和发展过程中发挥了举足轻重的作用。它通过搭建交流平台、促进科研成果转化、推动产业标准化和规范化、支持人才培养和创业投融资、加强国际合作与交流等多方面的努力，为量子信息产业的蓬勃发展提供了有力支撑。展望未来，随着量子技术的不断进步和市场需求的持续增长，量子信息产业联盟将继续发挥其独特的优势和作用，推动量子信息产业走向成熟。

4.4　社会热点争议解读

4.4.1　量子保密通信网络现实安全性成为讨论热点

在量子保密通信试点应用和网络建设发展的同时，量子保密通信网络的现实安全性也是学术界、产业界和社会舆论关注的问题之一。2018 年前后，中国科学技术大学团队和上海交通大学团队发表的关于量子密钥分发系统现实安全性的研究论文，进一步引发了关于量子保密通信系统和网络现实安全性的讨论。

量子密钥分发技术经过了近 40 年的发展，其中密钥分发的安全性由量子力学的基本原理保证，理论安全性证明也相对完备，量子密钥分发技术在提供对称密钥的安全性方面的价值已经获得全球学术界和产业界的承认和共识，但基于量子密钥分发的量子保密通信系统和网络的现实安全性仍然是值得关注和研究的问题。

量子密钥分发只是量子保密通信系统中的一个环节，量子保密通信系统整体满足信息论可证明其安全性，这需要量子密钥分发、一次一密加密和安全身份认证 3 个环节，缺一不可。目前，量子密钥分发商用系统在现网光纤中的密钥生成速率约为数十千比特每秒量级，对于现有信息通信网络中的 SDH、OTN 和以太网等高速业务来说，采用一次一密加密方式是不切实际的，因此量子密钥分发通常与传统对称加密算法（例如 AES、SM1 和 SM4 加密算法）相结合，由量子密钥分发提供对称加密密钥。在此情况下，密钥重复使用，并不满足一次一密的加密体制要求。需要指出的是，相比传统对称加密体系，量子保密通信仍然能够提升安全性和应用价值。

一方面，相比原有对称加密算法的收发双方自协商产生加密密钥，量子密钥分发所提供的加密密钥在密钥分发过程中的防窃听和防破解的能力得到加强；另一方面，量子密钥分发能够提升对称加密体系中的密钥更新速率，从而降低密钥和加密数据被破解的风险。

量子密钥分发技术能够保障点到点的光纤或自由空间链路中的密钥分发的安全性。由于量子存储和量子中继技术与实用化仍存在一定距离，长距离的量子密钥分发线路和网络需要借助"可信中继节点"技术，进行逐段密钥分发，密钥落地存储和中继。密钥一旦落地存储，就不再具备量子态特性和由量子力学保证的信息论安全性，量子密钥分发线路和网络中的"可信中继节点"需要采用传统信息安全领域的高等级防护和安全管理来保证节点自身的安全性。目前针对"可信中继节点"的安全性防护要求、标准化研究工作正在逐步开展，测评工作有待加强。未来进一步加强可信中继节点技术要求、安全性分析和测评方法等标准的研究与实施，是保障量子保密通信网络建设和应用的现实安全性的重要措施之一。通过明确可信中继节点的安全防护要求和实施方案及其相关测评验证，结合符合相应等级要求的密钥中继管理方案，可以实现符合安全性等级保护要求的量子密钥分发组网和应用。

量子密钥分发技术的信息论可证明其安全性是在理论层面上的。对于实际量子密钥分发系统而言，由于实际器件（如光源、探测器和调制器等）无法满足理论证明的假设条件，可能存在安全性漏洞，所以量子密钥分发系统的现实安全性及漏洞攻击和防御，一直是学术界研究的热点之一。前述的中国科学技术大学团队和上海交通大学团队的研究报道，都是针对量子密钥分发实际系统的安全性漏洞进行攻击和防御改进的学术研究成果。需要指出的是，此类研究通常在完全控制系统设备的条件下采用极端条件模拟（如超高光功率注入等方式）来攻击系统，获取密钥信息，这与实际系统和网络中可行的攻击和窃听属于不同层面，并且此类研究的出发点和落脚点也是提升量子密钥分发系统的实际安全性，通常都会给出针对所提出的攻击方式的系统防御策略和解决方案，而非否定量子密钥分发系统安全性。针对量子密钥分发系统和网络现实安全性的学术研究在未来仍会持续进行，从实际应用层面而言，量子密钥分发系统和网络也需要持续进行现实安全性研究和测评验证。

2024 年 2 月，量子信息网络产业联盟发布了《QKD 安全攻击防御方案分析和分级评估研究报告》，对针对离散变量量子密钥分发的 22 种攻击策略和连续变量量子密钥分发的 11 种攻击策略开展了风险评估研究。对针对量子密钥分发设备的攻击策略和防御方案进行评估分级，分析了各类攻击策略的风险性，评估了防御方案的有效性，为量子密钥分发系统的安全性评估提供了依据和参考。

4.4.2 量子计算行业泡沫争议

近年来，量子计算领域的初创企业受到了市场的高度关注，通过社会资本股权投资和证券市场上市融资等形式获得了大量资金支持。量子计算领域投融资近两年来呈快速增长趋势。量子计算技术成为国家机构、科技巨头和资本市场等各方在前沿科技领域的关注焦点之一，公共研究资金、私营部门股权投资和资本市场融资不断涌入。量子计算初创企业在欧美的聚集度和关注度更高，市场投资也较为集中，这反映出量子计算在整个量子信息技术领域的重要价值和意义。大量资金的涌入既为量子计算样机硬件研发、软件平台开发、应用场景探索等方向提供了创新支持和资源保障，也引发了技术炒作、夸大宣传和行业泡沫等不同观点和争议。

2022 年 5 月，美国 Scorpion Capital 发布了一份针对量子计算上市公司 IonQ 的报告，指出其量子计算产品与应用的局限性，以及管理运行方面的问题，质疑其交付能力与商业模式。2022 年 8 月，牛津大学学者在《金融时报》上刊文，直指资金涌入导致了量子计算技术成就和前景的夸大宣传，量子计算公司尚未提供真正的产品和实现业务收入，行业泡沫问题不容忽视。该观点也引发了业界回应，多方从技术发展成就、科技巨头投入和应用探索前景等方面开展了热烈讨论，观点各异。

量子计算作为当今时代科技与产业发展的前沿领域，已然成为全球范围内学术界、产业界和各方利益攸关者共同关注的焦点。这种普遍的共识源于量子计算所蕴含的巨大潜力和可能带来的深刻变革。近年来，随着技术研究的深入与样机研发的不断推进，量子计算领域已经取得了一系列令人瞩目的重要进展，这些成果不仅彰显了人类的智慧与探索精神，也为量子计算的未来发展奠定了坚实的基础。

然而，尽管量子计算领域已取得显著进步，但我们必须清醒认识到，当前技术水平与成熟应用之间仍存在相当长的距离。就样机而言，其比特数量、质量和操控速度等关键性能指标，尚存在巨大的提升空间。量子计算的软硬件技术仍处于不断探索与完善的阶段，远未达到成熟的状态。与此同时，应用层面的探索与产业的培育也刚刚起步，这意味着量子计算要想真正走出实验室，为千行百业赋能、赋智、赋值，还需要经历一个漫长而充满挑战的过程。

在这个过程中，"泡沫质疑"无疑是量子计算发展道路上必将遭遇的挑战。这种质疑在很大程度上源于量子计算在学术界和产业界之间所形成的反差氛围。一方面，学术界对量子计算的未来充满了憧憬与期待，视其为能够引领科技革命的关键力量；另一方面，产业界更加关注量子计算的实际应用价值，以及何时能够形成具有市场竞争力的产品和服务。这种反差导致在量子计算的发展过程中会出现过度炒作或夸大宣传的现象，进而引发外界对其真实性与可行性的质疑。

面对这种质疑，既不必过分惊慌，也不能掉以轻心。在政策与资金持续涌入的大背景下，对于量子计算领域的过度追捧，特别是那些毫无根据的乐观预期或对短期成果的过度宣扬，需要保持足够的清醒和警惕。这种"捧杀"不仅可能误导公众对量子计算的真实认知，还可能对量子计算的健康发展造成潜在的威胁。

同样，当量子计算进入技术应用的"无人区"，探索成果短期内难以达到预期时，也需要坚守战略定力与发展信心，避免因一时的挫折而矫枉过正，对量子计算进行过度的批判与否定。这种"棒杀"不仅不利于量子计算的长期发展，还有可能对提升未来技术产业竞争力带来负面影响。

量子计算作为未来科技与产业发展变革的重要变量，其发展前景广阔但道路曲折，要以平和的心态看待量子计算的发展过程，既要充分肯定其取得的进步，也要理性面对其存在的不足与挑战。只有这样才能推动量子计算走向成熟，进而释放其蕴含的巨大潜力。

量子计算未来想要跨越式发展，实现商业落地，"杀手级"应用的出现至关重要，需要同时满足三项要求，如图4-8所示。一是可证明超越经典计算的量子优越性；二是具备实用性，实现社会经济价值；三是能在现有含噪声中等规模量子计算机（NISQ）处理器上运行。Shor算法和Grover算法虽具备优越性理论证明和实际应用价值，但其目前的硬件需求难以满足。已在NISQ系统实验验证量子优越性的随机线路采样和高斯玻色采样问题，还需要进一步探索与实用化问题的结合。而近期在算法研究领域受到关注的VQE和QAOA等算法，需要找到能够验证量子优越性的明确案例场景。

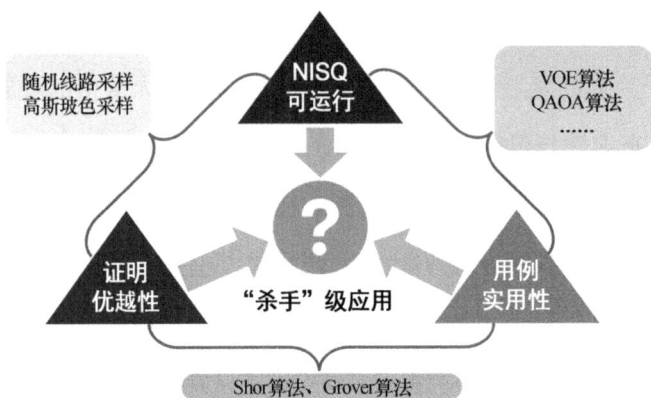

数据来源：根据公开资料整理

图 4-8　量子计算"杀手级"应用需满足三项要求

在 NISQ 的发展阶段，由于硬件设备的不完备性，噪声无法被完全消除，短期内量子计算要实现落地应用的关键是克服噪声的干扰。软件的研究与硬件的研究不可割裂。在研发优化量子计算硬件的同时，根据具体应用场景的落地需求，针对性地开发量子计算应用软件；在弥补量子硬件缺陷的同时，辅助推广量子计算硬件的落地使用。尽管目前量子计算仍处于 NISQ 的发展阶段，量子硬件设备功能与性能的局限性依然明显，用户所使用的真实量子后端为行业所提供的服务仍然存在一定的不稳定性，但未来随着量子硬件和软件的能力提升，量子计算企业将逐步为用户提供更成熟的量子计算服务。

量子计算应用需要直面与经典计算的算力竞争，只有明确展示量子优越性，量子计算应用案例的价值才能够覆盖其研制、开发和应用的高额成本。遗憾的是，这个关键问题在众多量子计算应用的宣传报道中往往避而不谈。因此，量子计算应用案例仍处于原理性与可行性验证的早期探索阶段，目前尚未取得实质性突破和里程碑式进展。

第五章

展望：量子信息技术与产业未来可期

5.1 量子信息技术发展迅速、三大领域发展前景各异

以量子计算、量子通信和量子精密测量为代表的量子信息技术，既是量子科技的重要组成部分，也是未来产业发展的重点方向之一，将引领新一轮科技革命和产业变革。量子信息技术已进入科技攻关、工程研发、应用探索和产业培育一体化推进的发展关键期，量子信息三大领域科研探索和技术创新成果不断涌现。过去10年间，量子信息领域的企业数量和投融资经历了一轮爆发式增长，近两年增速有所回落。

量子计算多种技术路线并行发展，超导路线在比特数量和保真度等指标上持续稳步提升，发展较为均衡，是技术路线竞争的"种子选手"。中性原子路线近期在比特数量和保真度方面提升迅速，有望异军突起。基于量子纠错实现逻辑量子比特成为下一步发展的目标，多项创新方案和突破纠错盈亏平衡点实验成果为发展奠定基础。测控系统已成为量子计算工程化研发和能力提升的重要瓶颈，技术路线分散导致的供应链碎片化成为其限制因素。量子计算编译、开发、测控等软件成为创新的重要发力点，但技术和应用成熟度有待提升。量子计算云平台是提供硬件算力、探索应用场景和培育产业生态的重要支点，欧美科技企业量子计算云平台在硬件能力、软件生态和用户影响力等方面处于领先地位。量子计算在组合优化、量子模拟、人工智能和线性代数等领域广泛探索应用场景，目前主要处于算法研究和可行性验证阶段。未来在比特数量和保真度满足一定条件时，有望在性能要求不高的组合优化场景中率先应用。随着量子计算相关企业数量的快速增长，上、中、下游产业链已初具雏形，产业生态也在蓬勃发展。

量子计算技术标准化正成为国内外布局和推动的热点。

量子通信领域的量子密钥分发科研热度持续，双场和模式匹配等协议是实验关注的焦点，实验系统的极限传输距离和密钥成码率指标得到提升。连续变量量子密钥分发在城域范围内具有密钥成码率高、系统集成度高和成本相对较低的优势，是未来应用的重要方案。随着电信运营商的加入，基于量子密钥分发和量子随机数发生器的量子保密通信应用方案不断丰富，应用场景探索持续拓展，但仍需进一步提升技术产品工程化水平，在小型化和降成本等方面取得实质性突破，才能真正破解商业化应用困局。量子保密通信的系统器件、网络架构和安全性等标准化研究取得阶段性进展，推动标准实施验证和产品测评认证是未来的努力方向。量子信息网络已成为量子通信领域科研竞争的主赛道，在纠缠制备操控、量子存储中继、量子频率转换等方向取得诸多进展，为原型样机研发和组网实验验证奠定了基础。欧美研究机构通过多方合作加快推动组网试验技术验证，我国需加大量子信息网络方向布局和推动力度。美国国家标准与技术研究院历时 7 年，组织了 4 轮征集评选，发布了首批 3 项抗量子密码算法标准草案，拉开了公钥密码体系升级迁移和抗量子密码产业化发展的序幕，但未来的应用推广仍任重道远。

在量子精密测量领域，冷原子干涉、核磁 / 顺磁共振、金刚石 NV 色心、无自旋交换弛豫、量子纠缠或压缩增强探测等技术方向多元化发展。这些技术在量子时频基准、磁场 / 电场测量、重力测量、惯性导航和目标探测等应用方向上已有样机和产品，为国防军工、航空航天、定位导航、资源勘测等行业带来了全新的传感探测方案。基于量子纠缠和压缩态等方案的量子增强测量技术成为突破经典测量物理极限的重要手段，展现了量子优势的重要方向。基于光学原子钟、量子陀螺仪等设备在实现自主定位、导航和授时方面具有重要战略价值，已成为主要国家在量子精密测量领域的关注重点。采用单光子探测、量子关联成像和光量子雷达等技术实现高精度目标识别，是未来战场态势感知和要地侦测防御的有效技术手段。金刚石 NV 色心磁场测量和单光子探测成像等技术在锂电池制造、检测和使用，以及电网和油气管网运营维护等方面有重要价值。近年来，量子测量企业数量持续增长，产业链上下游生态基本形成，但规模化商用仍面临一定挑战。

5.2 量子信息未来发展机遇与挑战并存

量子信息技术是一项挑战人类调控微观世界能力极限的世纪系统工程，总体处于从基础研究向应用研究转化的发展关键期。近年来，科研成果不断涌现、应用探索广泛开展、产业生态方兴未艾，量子信息技术已成为培育未来产业、构建新质生产力的焦点方向。加快发展量子信息技术，推动创新成果应用，构建供应链、人才队伍和未来产业竞争力，已成为全球主要国家在战略布局和政策规划上的重点。

新兴技术和未来产业的培育发展，需要政府战略规划政策引导、公共研发资金投入支持、学术界科研攻关突破、产业界技术创新推动、行业应用商业转化等多方要素的共同支持。以 20 世纪中叶电子信息产业发展为例，1946 年，宾夕法尼亚大学受美国军方支持，成功研发出全球首台通用电子计算机 ENIAC，成为电子信息产业发展的起点。美国政府在半导体领域开展大量直接投资和政府采购，支持贝尔实验室、得州仪器、西屋电气、英特尔等研发机构和企业，在晶体管、集成电路和存储器等领域取得多项重大原始创新突破并完成早期商业化积累。美国商务部数据显示，在 1958—1964 年的半导体技术研发经费中，政府投资占比高达 85%，电子设备每年

30 亿美元的销售额中约一半来自军方采购。面对量子信息发展的时代机遇，美国在 2018 年发布《量子信息科学国家战略概述》，制定《国家量子倡议》法案，美国能源部、国家科学基金会、国家标准与技术研究院和国防部等部门投资 37.38 亿美元组建了多个量子科学研发中心，支持了上千项科研项目。通过组建量子经济发展联盟构建产业供应链和人力资源，打造国家间量子科研与产业合作生态。美国通过一系列超常规布局和全方位举措，加快推动量子信息技术产业发展，进一步巩固其在全球科技领域的领导地位。

我国高度重视量子信息领域发展，并在近年来取得一系列重要进展。在基础科研方面，通过组建国家实验室和实施重大科技项目，在量子信息三大领域形成了较为全面的科研布局，学术论文和专利申请数量位居全球前列，取得了"墨子号"量子科学实验卫星、"祖冲之"系列超导量子处理器等重要成果。在工程研发方面，稀释制冷机等量子计算支撑保障系统自主研发攻关取得初步成果，新型量子密钥分发、量子随机数发生器和量子加密应用设备不断迭代，钙离子光钟和冷原子重力仪等样机产品研发和技术验证取得进展。在应用探索方面，量子计算企业和行业企业的合作研究逐渐增多，电信运营商为量子保密通信的应用融合与场景探索注入新动力，量子心脑磁图仪和量子电流互感器等测量新产品在相关行业开展应用。在生态培育方面，量子信息网络产业联盟、量子信息技术与应用创新大赛、量子产业大会、量子信息技术学术交流大会等平台和活动，促进了"产、学、研"交流合作与协同创新。

量子信息技术与产业发展是一个备受瞩目的领域，既不能过度吹捧，也不能轻视其潜力。因此，必须以更加客观、全面的态度来看待量子信息技术的发展，并采取措施推动其健康、可持续发展。

要清晰认识到量子信息技术的重要性和巨大潜力。量子信息作为新兴的科技领域，以其独特的原理和前所未有的潜力，有望引领信息技术的未来发展。在信息安全、模拟优化、人工智能等诸多方面，量子信息技术均呈现出颠覆性潜力。随着科研工作的深入，越来越多的理论成果转化为实际应用，为产业发展注入了强大的动力。因此，将量子信息技术视为未来产业的核心是合理的，也是有远见的。

然而，在积极推动量子信息技术发展的同时，也要警惕"捧杀"的风险。目前，虽然量子科技取得了显著进展，但总体上它仍被定位为未来产业，许多技术尚未完全成熟。过度夸大其现有成效，不仅可能让公众产生不切实际的期望，还可能导致资源的错误配置和科研方向的偏离。因此，在宣传和推广量子信息技术时，应秉持科学精神，客观公正地介绍其发展现状和前景，避免过度炒作。

与此同时，更要防止"棒杀"量子信息技术的倾向。尽管当前量子技术还面临诸多挑战，如技术稳定性、成本问题、人才缺口等，但这些问题并非不可克服，通过持续的研究投入、政策扶持和产学研合作，有望逐一攻克这些难题。

我国量子信息领域在全方位体系化布局、核心原创技术方案、产业支撑基础能力、产学研协同合作和人才体系建设等方面，还存在一些短板和瓶颈。未来，我们需要在完善政策体系布局，强化战略科技力量，加快关键技术攻关，保障自主供给能力，加强"产、学、研、用"协同，推进未来产业培育和强化人才梯队建设等方面，进一步聚力加快发展。

参考文献

[1] DIVINCENZO D P. The physical implementation of quantum computation[J]. Fortschritte Der Physik, 2000, 48(9/10/11): 771−783.

[2] DECROSS M, HAGHSHENAS R, LIU M Z, et al. The computational power of random quantum circuits in arbitrary geometries[EB]. 2024: 2406.02501.

[3] BLUVSTEIN D, EVERED S J, GEIM A A, et al. Logical quantum processor based on reconfigurable atom arrays[J]. Nature, 2024, 626(7997): 58−65.

[4] CAI W Z, MU X H, WANG W T, et al. Protecting entanglement between logical qubits via quantum error correction[J]. Nature Physics, 2024, 20: 1022−1026.

[5] Quantum computing: progress and prospects[M]. National Academies of Sciences, Engineering, and Medicine. 2018.

[6] AI G Q. Suppressing quantum errors by scaling a surface code logical qubit[J]. Nature, 2023, 614(7949): 676−681.

[7] NI Z C, LI S, DENG X W, et al. Beating the break−even point with a discrete−variable−encoded logical qubit[J]. Nature, 2023, 616(7955): 56−60.

[8] SIVAK V V, EICKBUSCH A, ROYER B, et al. Real−time quantum error correction beyond break−even[J]. Nature, 2023, 616(7955): 50−55.

[9] PELOFSKE E, BÄRTSCHI A, EIDENBENZ S. Quantum volume in practice: what users can expect from NISQ devices[J]. IEEE Transactions on Quantum Engineering, 2022, 3: 3102119.

[10] NADLINGER D P, DRMOTA P, NICHOL B C, et al. Experimental quantum key distribution certified by Bell's theorem[J]. Nature, 2022, 607(7920): 682−686.

[11] ZHANG W, VAN LEENT T, REDEKER K, et al. A device−independent quantum key distribution system for distant users[J]. Nature, 2022, 607(7920): 687−691.

[12] LIU W Z, ZHANG Y Z, ZHEN Y Z, et al. Toward a photonic demonstration of device−independent quantum key distribution[J]. Physical Review Letters, 2022, 129(5): 050502.

[13] HU X M, ZHANG C, GUO Y, et al. Pathways for entanglement−based quantum communication in the face of high noise[J]. Physical Review Letters, 2021, 127(11): 110505.

[14] ZHONG Y P, CHANG H S, BIENFAIT A, et al. Deterministic multi−qubit entanglement in a quantum network[J]. Nature, 2021, 590: 571−575.

[15] LANGENFELD S, WELTE S, HARTUNG L, et al. Quantum teleportation between remote qubit memories with only a single photon as a resource[J]. Physical Review Letters, 2021, 126(13): 130502.

[16]   FIASCHI N, HENSEN B, WALLUCKS A, et al. Optomechanical quantum teleportation[J]. Nature Photonics, 2021, 15: 817−821.

[17]   THOMAS P, RUSCIO L, MORIN O, et al. Efficient generation of entangled multiphoton graph states from a single atom[J]. Nature, 2022, 608(7924): 677−681.

[18]   FEIST A, HUANG G H, AREND G, et al. Cavity−mediated electron−photon pairs[J]. Science, 2022, 377(6607): 777−780.

[19]   DAI T X, AO Y T, BAO J M, et al. Topologically protected quantum entanglement emitters[J]. Nature Photonics, 2022, 16: 248−257.

[20]   YANG C W, YU Y, LI J, et al. Sequential generation of multiphoton entanglement with a Rydberg superatom[J]. Nature Photonics, 2022, 16: 658−661.

[21]   KRUTYANSKIY V, GALLI M, KRCMARSKY V, et al. Entanglement of trapped−ion qubits separated by 230 meters[J]. Physical Review Letters, 2023, 130(5): 050803.

[22]   CHEN L Z, LU L L, XIA L J, et al. On−chip generation and collectively coherent control of the superposition of the whole family of dicke states[J]. Physical Review Letters, 2023, 130(22): 223601.

[23]   CAO S R, WU B J, CHEN F S, et al. Generation of genuine entanglement up to 51 superconducting qubits[J]. Nature, 2023, 619(7971): 738−742.

[24]   ZHENG Y, ZHAI C H, LIU D J, et al. Multichip multidimensional quantum networks with entanglement retrievability[J]. Science, 2023,

381(6654): 221−226.

[25] ZHENG Y, ZHAI C H, LIU D J, et al. Multichip multidimensional quantum networks with entanglement retrievability[J]. Science, 2023, 381(6654): 221−226.

[26] LAGO−RIVERA D, GRANDI S, RAKONJAC J V, et al. Telecom−heralded entanglement between multimode solid−state quantum memories[J]. Nature, 2021, 594(7861): 37−40.

[27] LIU X, HU J, LI Z F, et al. Heralded entanglement distribution between two absorptive quantum memories[J]. Nature, 2021, 594(7861): 41−45.

[28] MA Y, MA Y Z, ZHOU Z Q, et al. One−hour coherent optical storage in an atomic frequency comb memory[J]. Nature Communications, 2021, 12(1): 2381.

[29] PU Y F, ZHANG S, WU Y K, et al. Experimental demonstration of memory−enhanced scaling for entanglement connection of quantum repeater segments[J]. Nature Photonics, 2021, 15: 374−378.

[30] MA Y Z, JIN M, CHEN D L, et al. Elimination of noise in optically rephased photon echoes[J]. Nature Communications, 2021, 12: 4378.

[31] RUSKUC A, WU C J, ROCHMAN J, et al. Nuclear spin−wave quantum register for a solid−state qubit[J]. Nature, 2022, 602(7897): 408−413.

[32] ORTU A, HOLZÄPFEL A, ETESSE J, et al. Storage of photonic time−Bin qubits for up to 20 ms in a rare−earth doped crystal[J]. NPJ Quantum Information, 2022, 8: 29.

[33] ZHU T X, LIU C, JIN M, et al. On−demand integrated quantum memory for polarization qubits[J]. Physical Review Letters, 2022, 128(18): 180501.

[34] DRMOTA P, MAIN D, NADLINGER D P, et al. Robust quantum memory in a trapped−ion quantum network node[J]. Physical Review Letters, 2023, 130(9): 090803.

[35] DRMOTA P, MAIN D, NADLINGER D P, et al. Robust quantum memory in a trapped−ion quantum network node[J]. Physical Review Letters, 2023, 130(9): 090803.

[36] OURARI S, DUSANOWSKI Ł, HORVATH S P, et al. Indistinguishable telecom band photons from a single Er ion in the solid state[J]. Nature, 2023, 620(7976): 977−981.

[37] KRUTYANSKIY V, CANTERI M, MERANER M, et al. Telecom−wavelength quantum repeater node based on a trapped−ion processor[J]. Physical Review Letters, 2023, 130(21): 213601.

[38] AZUMA K, TAMAKI K, LO H K. All−photonic quantum repeaters[J]. Nature Communications, 2015, 6: 6787.

[39] ZHANG R, LIU L Z, LI Z D, et al. Loss−tolerant all−photonic quantum repeater with generalized Shor code[J]. Optica, 2022, 9(2): 152.

[40] NIU D, ZHANG Y, SHABANI A S H .All−photonic one−way quantum repeaters with measurement−based error correction[J].npj Quantum Information, 2023, 9(1).

[41] LI C L, FU Y, LIU W B, et al. All−photonic quantum repeater for multipartite entanglement generation[J]. Optics Letters, 2023, 48(5): 1244−1247.

[42] TYUMENEV R, HAMMER J, JOLY N Y, et al. Tunable and state-preserving frequency conversion of single photons in hydrogen[J]. Science, 2022, 376(6593): 621-624.

[43] SUN P F, YU Y, AN Z Y, et al. Deterministic time-Bin entanglement between a single photon and an atomic ensemble[J]. Physical Review Letters, 2022, 128(6): 060502.

[44] RAKONJAC J V, CORRIELLI G, LAGO-RIVERA D, et al. Storage and analysis of light-matter entanglement in a fiber-integrated system[J]. Science Advances, 2022, 8(27): eabn3919.

[45] WANG Z L, BAO Z H, WU Y K, et al. A flying Schrödinger's cat in multipartite entangled states[J]. Science Advances, 2022, 8(10): eabn1778.

[46] KUMAR A, SULEYMANZADE A, STONE M, et al. Quantum-enabled millimetre wave to optical transduction using neutral atoms[J]. Nature, 2023, 615(7953): 614-619.

[47] WANG X N, JIAO X F, WANG B, et al. Quantum frequency conversion and single-photon detection with lithium niobate nanophotonic chips[J]. NPJ Quantum Information, 2023, 9: 38.

[48] SAHU R, QIU L, HEASE W, et al. Entangling microwaves with light[J]. Science, 2023, 380(6646): 718-721.

[49] VALIVARTHI R, DAVIS S I, PE\-NA C, et al. Teleportation systems toward a quantum internet[J]. PRX Quantum, 2020, 1(2): 020317.

[50] POMPILI M, HERMANS S L N, BAIER S, et al. Realization of a

multinode quantum network of remote solid-state qubits[J]. Science, 2021, 372(6539): 259-264.

[51] ALSHOWKAN M, WILLIAMS B P, EVANS P G, et al. A reconfigurable quantum local area network over deployed fiber[C]// Proceedings of the 2021 Conference on Lasers and Electro-Optics (CLEO). Piscataway: IEEE Press, 2021: 1-2.

[52] HERMANS S L N, POMPILI M, BEUKERS H K C, et al. Qubit teleportation between non-neighbouring nodes in a quantum network[J]. Nature, 2022, 605(7911): 663-668.

[53] VAN LEENT T, BOCK M, FERTIG F, et al. Entangling single atoms over 33 km telecom fibre[J]. Nature, 2022, 607(7917): 69-73.

[54] LUO X Y, YU Y, LIU J L, et al. Postselected entanglement between two atomic ensembles separated by 12.5 km[J]. Physical Review Letters, 2022, 129(5): 050503.

[55] HONG H B, QUAN R N, XIANG X, et al. Demonstration of 50 km fiber-optic two-way quantum clock synchronization[J]. Journal of Lightwave Technology, 2022, 40(12): 3723-3728.

[56] POMPILI M, DELLE DONNE C, TE RAA I, et al. Experimental demonstration of entanglement delivery using a quantum network stack[J]. NPJ Quantum Information, 2022, 8: 121.

[57] WANG R, ALIA O, CLARK M J, et al. A dynamic multi-protocol entanglement distribution quantum network[C]//Proceedings of the 2022 Optical Fiber Communications Conference and Exhibition (OFC). IEEE. 2022: 1-3.

[58] BERSIN E, GREIN M, SUTULA M, et al. Development of a Boston−area 50−km fiber quantum network testbed[J]. Physical Review Applied, 2024, 21: 014024.

[59] GOSWAMI S, DHARA S. Satellite−relayed global quantum communication without quantum memory[J]. Physical Review Applied, 2023, 20(2): 024048.

[60] HUANG Y, ZHANG B L, ZENG M Y, et al. A liquid nitrogen−cooled Ca$^+$ optical clock with systematic uncertainty of 3×10^{-18}. Arxiv Preprint Arxiv: 2103.08913.

[61] CUI K F, CHAO S J, SUN C L, et al. Evaluation of the systematic shifts of a ^{40}Ca$^+$−^{27}Al$^+$ optical clock[J]. The European Physical Journal D, 2022, 76(8): 140.

[62] PEDROZO−PEÑAFIEL E, COLOMBO S, SHU C, et al. Entanglement on an optical atomic−clock transition[J]. Nature, 2020, 588(7838): 414−418.

[63] ECKNER W J, DARKWAH OPPONG N, CAO A, et al. Realizing spin squeezing with Rydberg interactions in an optical clock[J]. Nature, 2023, 621: 734−739.

[64] KÓMÁR P, KESSLER E M, BISHOF M, et al. A quantum network of clocks[J]. Nature Physics, 2014, 10(8): 582−587.

[65] 张萌, 吕博. 量子增强安全时间同步协议研究 [J]. 光通信研究, 2021(4): 21−25, 49.

[66] DAI H, SHEN Q, WANG C Z, et al. Towards satellite−based quantum−secure time transfer[J]. Nature Physics, 2020, 16: 848−852.

[67] QUAN R N, HONG H B, XUE W X, et al. Implementation of field two-way quantum synchronization of distant clocks across a 7 km deployed fiber link[J]. Optics Express, 2022, 30(7): 10269-10279.

[68] HONG H B, QUAN R N, XIANG X, et al. Demonstration of 50 km fiber-optic two-way quantum clock synchronization[J]. Journal of Lightwave Technology, 2022, 40(12): 3723-3728.

[69] SHEN Q, GUAN J Y, REN J G, et al. Free-space dissemination of time and frequency with 10-19 instability over 113 km[J]. Nature, 2022, 610(7933): 661-666.

[70] CALDWELL E D, DESCHENES J D, ELLIS J, et al. Quantum-limited optical time transfer for future geosynchronous links[J]. Nature, 2023, 618(7966): 721-726.

[71] GUO J, MING S, WU Y, et al. Super-sensitive rotation measurement with an orbital angular momentum atom-light hybrid interferometer[J]. Optics Express, 2021, 29(1): 208-218.

[72] ZHANG H J, YIN Z Q. Highly sensitive gyroscope based on a levitated nanodiamond[J]. Optics Express, 2023, 31(5): 8139-8151.

[73] ZHONG J Q, TANG B, CHEN X, et al. Quantum gravimetry going toward real applications[J]. The Innovation, 2022, 3(3): 100230.

[74] LYU W, ZHONG J Q, ZHANG X W, et al. Compact high-resolution absolute-gravity gradiometer based on atom interferometers[J]. Physical Review Applied, 2022, 18(5): 054091.

[75] 陶志炜, 任益充, 艾则孜姑丽·阿不都克热木, 等. 基于纠缠相干态的量子照明雷达 [J]. 物理学报, 2021, 70(17): 63-70.

[76] CAMERON P, COURME B, VERNIÈRE C, et al. Adaptive optical imaging with entangled photons[J]. Science, 2024, 383(6687): 1142−1148.

[77] GAO L, ZHANG X L, MA J T, et al. 基于集成量子压缩光源的量子增强多普勒激光雷达（特邀）[J]. Infrared and Laser Engineering, 2021, 50(3): 20210031.

[78] ASSOULY R, DASSONNEVILLE R, PERONNIN T, et al. Quantum advantage in microwave quantum radar[J]. Nature Physics, 2023, 19: 1418−1422.

[79] ORTOLANO G, PANIATE A, BOUCHER P, et al. Quantum enhanced non−interferometric quantitative phase imaging[J]. Light, Science & Applications, 2023, 12(1): 171.

[80] LI Z P, YE J T, HUANG X, et al. Single−photon imaging over 200 km[J]. Optica, 2021, 8(3): 344.

[81] WANG B, ZHENG M Y, HAN J J, et al. Non−line−of−sight imaging with picosecond temporal resolution[J]. Physical Review Letters, 2021, 127(5): 053602.

[82] 房建成, 魏凯, 江雷, 等. 超高灵敏极弱磁场与惯性测量科学装置与零磁科学展望[J]. 航空学报, 2022, 43(10):27.

[83] PARASHAR M, BATHLA A, SHISHIR D, et al. Sub−second temporal magnetic field microscopy using quantum defects in diamond[J]. Scientific Reports, 2022, 12(1): 8743.

[84] HUXTER W S, PALM M L, DAVIS M L, et al. Scanning gradiometry with a single spin quantum magnetometer[J]. Nature

Communications, 2022, 13(1): 3761.

[85] WANG Z C, KONG F, ZHAO P J, et al. Picotesla magnetometry of microwave fields with diamond sensors[J]. Science Advances, 2022, 8(32): eabq8158.

[86] ZHU Y B, XIE Y J, JING K, et al. Sunlight–driven quantum magnetometry[J]. PRX Energy, 2022, 1(3): 033002.

[87] QIN Z Y, WANG Z C, KONG F, et al. In situ electron paramagnetic resonance spectroscopy using single nanodiamond sensors[J]. Nature Communications, 2023, 14(1): 6278.

[88] JING M Y, HU Y, MA J, et al. Atomic superheterodyne receiver based on microwave–dressed Rydberg spectroscopy[J]. Nature Physics, 2020, 16: 911–915.

[89] PRAJAPATI N, ROBINSON A K, BERWEGER S, et al. Enhancement of electromagnetically induced transparency based Rydberg–atom electrometry through population repumping[J]. 2021, 119(21): 214001.

[90] DING D S, LIU Z K, SHI B S, et al. Enhanced metrology at the critical point of a many–body Rydberg atomic system[J]. Nature Physics, 2022, 18: 1447–1452.

[91] WEN J W, WANG Z M, HUANG Z G, et al. Optical experimental solution for the multiway number partitioning problem and its application to computing power scheduling[J]. Science China Physics, Mechanics & Astronomy, 2023, 66(9): 290313.

[92] HUANG Y H, LI W X, PAN C K, et al. Quantum computing for

MIMO beam selection problem: model and optical experimental solution[C]//GLOBECOM 2023 − 2023 IEEE Global Communications Conference. IEEE , 2023: 5463−5468.

[93] GIDNEY C, EKERÅ M. How to factor 2048 bit RSA integers in 8 hours using 20 million noisy qubits[J]. Quantum, 2021, 5: 433.

[94] CHEN Y L. Quantum algorithms for lattice problems[J]. IACR Cryptol EPrint Arch, 2024, 2024: 555.

[95] BAMBURY H, NGUYEN P Q. Improved provable reduction of NTRU and Hypercubic lattices[M]//Lecture Notes in Computer Science. Cham: Springer Nature Switzerland, 2024: 343−370.

[96] HUANG L L, ZHOU H Y, FENG K, et al. Quantum random number cloud platform[J]. NPJ Quantum Information, 2021, 7: 107.

[97] ZHA J Y, SU J Q, LI T G, et al. Encoding molecular docking for quantum computers[J]. Journal of Chemical Theory and Computation, 2023, 19(24): 9018−9024.

[98] Arai K, Kuwahata A, Nishitani D, et al. Millimetre−scale magnetocardiography of living rats with thoracotomy[J]. Communications Physics, 2022, 5(1): 200.

[98] ARAI K, KUWAHATA A, NISHITANI D, et al. Millimetre−scale magnetocardiography of living rats with thoracotomy[J]. Communications Physics, 2022, 5: 200.

[99] KOSHEV N, BUTORINA A, SKIDCHENKO E, et al. Evolution of MEG: a first MEG−feasible fluxgate magnetometer[J]. Human Brain Mapping, 2021, 42(15): 4844−4856.

[100] CHEN S Y, LI W H, ZHENG X H, et al. Immunomagnetic microscopy of tumor tissues using quantum sensors in diamond[J]. Proceedings of the National Academy of Sciences of the United States of America, 2022, 119(5): e2118876119.

[101] LI C, SOLEYMAN R, KOHANDEL M, et al. SARS−CoV−2 quantum sensor based on nitrogen−vacancy centers in diamond[J]. Nano Letters, 2022, 22(1): 43−49.

[102] ZHANG Z Q, LIU Y, STEPHENS T, et al. Photonic radar for contactless vital sign detection[J]. Nature Photonics, 2023, 17: 791−797.

[103] HATANO Y, SHIN J, TANIGAWA J, et al. High−precision robust monitoring of charge/discharge current over a wide dynamic range for electric vehicle batteries using diamond quantum sensors[J]. Scientific Reports, 2022, 12(1): 13991.

[104] SHANGGUAN M J, YANG Z F, SHANGGUAN M Y, et al. Remote sensing oil in water with an all−fiber underwater single−photon Raman lidar[J]. Applied Optics, 2023, 62(19): 5301−5305.

[105] 文凯, 马寅, 王鹏, 等. 基于光量子计算的信用评分特征筛选研究报告 [J]. 网络安全与数据治理, 2022, 41(9): 13−18.

[106] QIAN Y J, HE D Y, WANG S, et al. Hacking the quantum key distribution system by exploiting the avalanche−transition region of single−photon detectors[J]. Physical Review Applied, 2018, 10(6): 064062.

[107] PANG X L, YANG A L, ZHANG C N, et al. Hacking quantum key distribution via injection locking[J]. Physical Review Applied, 2020, 13(3): 034008.